냄새와 맛의 과학

한국과학기술한림원

- 과학기술에 전문적 경륜과 식견을 가진 석학들을 회원으로 엄선, 각 부문별 전문성을 효율적으로 활용함으로써 국가 과학기술의 진흥과 창달에 기여하기 위해 1994년에 설립되었습니다.
- 2005년 기초과학연구진흥법 제11조(한국과학기술한림원의 설립 등)에 의거 법정기구화되었습니다.
- 독립성, 자율성 및 전문성을 바탕으로 하는 순수 민간 과학아카데미로, 편견 없는 대정부 정책자문을 통해 올바른 과학기술정책의 수립을 유도하고 있으며, 범부처적 국가 과학기술정책에 대한 자문과 건의를 통한 과학기술발전의 장기적 비전을 제시하고 있습니다.
- 우리나라의 과학기술 선진국 진입을 위한 기초 과학기술 진흥사업을 수행하고 있으며, 외국 한림원 및 과학기술 국제기구 등과의 학술교류를 통해 과학기술 민간외교의 중심체 역할을 담당하고 있습니다.

냄새와 맛의 과학

1판 1쇄 펴냄 | 2021년 11월 25일

지은이 | 박태현
발행인 | 김지영
발행처 | 자유아카데미
등록 | 제 406-2003-017호, 1980. 7. 12

주소 | 경기도 파주시 회동길 37-42 파주출판도시
전화 | 031-955-1321
팩스 | 031-955-1322
홈페이지 | www.freeaca.com
전자우편 | main@freeaca.com(대표)
editor@freeaca.com(편집)
crm@freeaca.com(영업)

ISBN 979-11-5808-324-3 93470

한국과학기술한림원 『석학, 과학기술을 말하다』 시리즈 39

냄새와 맛의 과학

글·그림 박태현

자유아카데미

머리말

인간은 대표적인 다섯 가지 주요 감각을 가지고 있다. 시각, 청각, 촉각, 후각, 미각이 그것이다. 인간은 이 감각들을 이용하여 주위의 사물과 환경을 인식한다. 그중에서도 시각과 청각은 우리 일상생활에 매우 중요하게 사용되는 감각이다. 내일부터 당장 앞을 못 보게 된다고 하면, 그야말로 앞이 캄캄해지고 매우 낙담하게 될 것이다. 청각도 그렇다. 당장 소리를 못 듣게 된다면 일상생활에 커다란 어려움을 감수해야만 한다. 우리는 '총명'하다는 말을 종종 사용한다. 이 '총명聰明'이란 글자의 한자를 살펴보면, '총聰' 자에는 '귀 이耳' 자가 들어 있으며, 그 뜻은 '귀 밝을 총'이고, '명明' 자는 '밝을 명'이다. 한글 사전에서도 '총명'의 뜻을 '1. 보거나 들은 것을 오래 기억하는 힘이 있음 또는 그 힘', '2. 썩 영리하고 재주가 있음'이라고 기술하고 있다. 시각과 청각의 중요성을 단적으로 보여주는 단어가 아닐 수 없다.

시각과 청각 이외의 나머지 감각들 역시 일상생활에 필수적이라고 할 수 있다. 하지만 이 감각들이 없다면 당장에 불편함이 있고 위험한 요소도 있겠지만 시각과 청각이 없는 것과는 다르게 그냥 그대로 살 적응하고 살아갈 수 있을 것이다. 그래서 시각과 청각은 오래전부터 과학자들의 주요 연구 주제가 되어 왔으며, 과학적 이해와 관련된 기술들이 눈부시게 발전하였다.

반면, 나머지 감각들에 대해서는 과학적 이해도 상대적으로 더디게 진행되었다. 특히, 후각은 종종 '가장 신비로운 감각'이라고 기술되어 왔다. 다시 말하면, 이에 대한 과학적 이해를 가장 못 해온 감각이란 뜻이다. 후각은 과학자들의 관심 대상에서 우선순위가 떨어지기도 하였지만, 여러 가지 측면에서 과학적으로도 접근하기가 매우 어려운 주제였다. 시각의 경우는 우리 눈이 빛에 의해 보이는 색깔을 보는 것이다. 색깔은 색상, 명도, 채도를 통해 기술하는 시스템이 잘 갖추어져 있고, 빨강, 주황, 노랑, 파랑 등 색깔의 단어들도 우리가 일상생활에서 사용하고 있다. 시각을 대상으로 하는 예술인 미술이 주요 예술 분야를 차지하고 있고, 대학교에는 미술대학도 있다. 소리의 경우에도 높낮이와 음색을 주파수와 파형에 의해 분석하고 기록할 수 있는 체제와 장비가 개발되어 사용되고 있다. 청각을 대상으로 하는 예술인 음악도 주요 예술 분야로서 악보로 그 소리의 예술을 기록할 수 있고, 역시 음악대학도 있다. 촉각의 경우에도 압력이라는 측정용 지표가 있다. 그러나 후각의 경우에는 냄새를 대상으로 하는 예술 분야는 고사하고, 일상생활에서 냄새를 측정할 수 있는 장치도 없고 냄새를 표현할 수 있는 단어도 없다. 장미향, 백합향, 곰팡이 냄새 등, 그저 명사를 빌어서 표현하는 방법이 고작이다. 구수한 냄새, 상쾌한 냄새 등, 간혹 형용사적 표현이 있기는 하지만, 구수한 냄새가 누룽지 냄새인지 된장국 냄새인지 또 다른 어떤 냄새인지 그 뜻이 명확하지가 않다. 미각의 경우에는 그나마 후각보다는 낫다. 짠맛은 나트륨 이온의 농도로 측정할 수 있고, 신맛은 pH로 측정할 수 있으며, 단맛, 감칠맛, 쓴맛에 대해서는 각각에 대한 표준물질인 설탕, 글루탐산 나트륨MSG, 퀴닌 등의 맛과 비교하여 그 세기를 가늠

한다. 반면에 냄새의 경우에는 측정을 위한 특정 지표도 없을 뿐 아니라 비교의 지표가 되는 표준물질도 존재하지 않는 매우 어려운 대상이다.

'냄새'라는 단어는 '물질로서의 냄새'와 '정신적 인식(혹은 감성)으로서의 냄새'로 쓰일 수 있는데, 전자는 냄새를 일으키는 화학 분자를 말하고, 후자는 그 화학적 분자를 코가 맡아서 뇌가 느끼는 인식을 의미한다. 냄새를 일으키는 냄새 물질은 화학 분자로서 그 분야의 전문가들인 화학자의 관심 있는 연구 대상이 되었다. 화학자들은 냄새 물질의 '분자 구조'와 뇌가 인지하는 '냄새 느낌' 간의 관계인 '구조-냄새 법칙structure-odor rule, SOR'을 정립하려는 노력을 매우 열심히 경주하였다. 이런 노력들이 부분적으로는 성공적인 결과들도 있었지만, 이런 법칙을 만족시키지 못하는 예시들이 속속 대두되면서 과학적인 호응을 얻지 못하게 되었다. 화학자들의 주요 무대였던 후각 분야에 생물학적 접근이 도입되기 시작하였고, 1990년대에 들어서 후각 수용체의 유전자들이 밝혀지고, 후각 수용체가 '냄새 물질'을 '냄새 느낌'으로 전환하는 인터페이스 역할을 한다는 사실이 알려지면서 후각 연구의 새로운 전기를 맞이하게 되었다. 드디어 미국의 두 과학자인 린다 벅Linda Buck과 리처드 액셀Richard Axel은 후각 수용체의 역할과 후각 메커니즘을 밝힌 공로로 2004년 노벨상을 수상하게 된다. 후각에 대한 연구는 후각 수용체의 발견 전과 발견 후로 양분할 수 있다는 말이 나올 정도로 후각 수용체가 후각에서 키 역할을 하고 있다.

이 책에서는 고대 그리스 철학자들에서부터 현대 노벨상이 나오기까지 인간이 생각해온 '냄새란 무엇인가'라는 화두에 대해 살펴보고, 이와 같이 오랜 세월에 걸쳐 생각해온 끝에 2천년대 즈음에 들어서야 비로소 이해하게 된 냄새와 맛의 정체에 대하여 파헤쳐 본다. 또한, 이러한 이해를 통해 가능해진 냄새와 맛에 대한 새로운 과학과 기술의 세계를 들여다보고, 가까운 미래에 펼쳐질 우리 삶의 변화에 대해서 과학 기술에 기반한 통찰력과 즐거운 상상력을 가지고 함께 생각해 보기로 한다.

2021년 11월

차례

3장 냄새란 무엇인가?

4장 냄새는 어떻게 느끼나?

5장 맛이란 무엇인가?

6장
맛은 어떻게 느끼나?

7장
냄새와 맛의 측정은 가능한가?

8장
냄새를 전송하는 핸드폰

1장

후각의 의미와 역할

중고교 시절 교과서에 실렸던 강신재의 단편 소설 '젊은 느티나무'는 이런 문장으로 시작된다. "그에게서는 언제나 비누 냄새가 난다." 18세의 여고생이 22세 대학생 청년에게서 느끼는 풋풋한 후각적 감정이다. 이 한 문장으로 이 인물에 대한 이미지가 깨끗하고 신선하게 느껴진다. 후각은 우리의 일상생활에서 보다 큰 만족감과 행복감을 제공해 주는 감각이지만, 야생 동물들에게는 삶을 유지하기 위해 없어서는 안 될 매우 중요한 감각이기도 하다. 후각을 이용하여 먹이를 찾고, 위험으로부터 피하고, 짝짓기 상대를 찾아서 자손을 번식하는 등 생존에 있어서 필수 불가결한 감각인 것이다. 후각과 미각으로 진화된 화학적 감각은 태초에 지구상에 생겨난 초기의 생명체가 가진 최초의 감각이기도 하다. 단세포 생물들도 화학적 감각을 사용하여 먹이가 있는 방향으로 이동해 가고, 위험물이 있는 곳은 회피하여 도망가고, 같은 종끼리 의사소통을 하며 생을 영위해 간다.

반면, 문명화된 사회에서 생활하는 인간에게 있어서 후각은 야생 생명체와는 다른 차원에서 중요성을 가지고 있다. 타는 냄새와 상한 음식 등의 냄새를 통해 위험 상황을 감지하는 역할도 하지만, 인간의 후각은 일상생활을 지내면서 높은 삶의 질을 영위하는 데 큰 몫을 한다. 격조 있는 레스토랑에서 맛있는 음식을 즐기는 데는 후각이 커다란 역할을 한다. 후각이 식도락을 위해 얼마나 큰 역할을 하는지는 이 책을 읽어 가면서 새삼 더 느끼게 될 것으로 생각한다. 또한, 굳이 향수를 사용하지 않는 경우라 할지라도 생활용품 곳곳에 배어 있는 향은 우리의 삶을 더욱 만족스럽고 풍요롭게 해준다. 후각은 오래전의 아련한 기억을 떠올려 주기도 하고, 지금도 삶의 현장 곳곳에서 맡을 수 있는 냄새는 우리의 감성을 자극하고 있다. 대수롭지 않게 생각해 왔을 수도 있는 후각이 생명체와 인간에게 어떤 의미가 있고, 또 어떤 역할을 하고 있는지에 대해 살펴보기로 하자.

먹이 찾기

현대인은 마트에 가서 음식과 식료품을 구입하지만, 지구상 대부분의 동물들은 먹이를 찾기 위해 후각을 이용한다. 몇몇 예외로서, 수상 동물들은 먹이를 구할 때 주로 청각을 사용하고, 인간을 비롯한 침팬지, 오랑우탄, 고릴라 등의 영장류는 후각보다는 시각에 의존하는 것으로 알려졌다. 그러나 야생에 존재하는 대부분의 동물들은 후각을 사용하여 먹잇감을 찾는다. 사자는 냄새를 맡고 초원 풀숲에 숨어 있는 영양을 찾아내고, 원숭이는 후각을 이용하여 열대 우림이 우거진 가운데에서 잘 익은 과일들을 찾아낸다. 인간도 잘 익은 과일을 고를 때나, 생선이 싱싱한지를 판별할 때 후각을 사용하는 모습을 흔히 볼 수 있다. 고등동물들뿐 아니라 아메바를 비롯한 미생물들도 후각을 사용하여 먹이가 있는 방향으로 이동해 간다. 인간의 5감 중에 시각, 청각, 촉각은 물리적 감각이고, 후각과 미각은 화학적 감각이다. 후각과 미각이 구분되어 있지 않은 미생물의 경우에는 후각이나 미각이라는 용어보다는 화학적 감각이라는 용어가 더 적절한 표현이기는 하다.

생명체가 외부로부터의 자극을 통해 자신을 움직여 자극의 근원 방향으로 이동하는 성질을 '주성走性'이라고 한다. 송사리가 물의 흐름을 거슬러 흐름의 근원 방향인 상류 방향으로 올라가려는 특성을 '주류성走流性', 식물이 빛이 비치는 방향으로 뻗어 가는 특성을 '주광성走光性'이라고 하고, 미생물이 먹이가 있는 방향으로 이동해 가는 특성을 '주화성走化性'이라고 한다.

미생물에게 먹이는 결국 화학물질이기 때문에, '주화성'이라는 뜻은 화학물질이 있는 방향으로 이동한다는 의미이다. 박테리아가 먹이를 감지하고 먹이가 있는 방향으로 이동해 가는 메커니즘까지도 과학자들의 연구를 통해 잘 알려져 있다. 마치 인간이 콧속의 후각 수용체를 이용하여 식욕을 자극하는 냄새를 맡고 그곳으로 걸어서 이동해 가는 것과 같이 박테리아는 세포 표면에 장착된 화학 수용체로 먹이의 성분을 인식하고 그 방향으로 이동해 간다. 인간은 다리의 근육을 자극하여 걸어서 이동하지만, 단세포 생물인 박테리아는 근육세포를 따로 가지고 있지 않으므로 자신의 세포 표면에 나 있는 편모들을 이용하여 헤엄쳐 이동한다.

박테리아가 편모들을 사용하는 방법은 매우 독특하다. 박테리아 표면의 수많은 편모들은 박테리아 표면에 있는 모터에 매달려 있는 것 같은 형태를 하고 있다. 각 편모마다 하나씩의 모터를 가지고 있는데, 이 모터는 시계 방향 또는 반 시계 방향으로 돌려서 편모를 회전시킬 수 있다. 모터가 편모들을 반시계 방향으로 회전시키면, 여러 편모들이 모여서 박테리아가 한 방향으로 날씬하게 헤엄칠 수 있도록 진영을 갖춘다. 반면, 시계 방향으로 회전시키면, 각 편모들이 방사선 방향으로 제각각 벌어지는 형상이 되어 박테리아는 특정 방향으로 나아가지 못하고 제자리에서 맴돌게 된다. 이렇게 헤엄과 맴돌음을 반복하게 되는데, 헤엄은 박테리아를 이동시키는 수단이고, 맴돌음은 이동해 갈 방향을 재설정하는 과정이다. 화학 수용체를 통해 먹이가 인지되면, 세포 내로 신호 전달이 일어나고 이 신호는 결국 편모들을 한 방향으로 모이게 하여 박테리아를 헤엄치게 한다. 헤엄과 맴돌음을 반복하는 과정을 통해 박테리아는 점점 먹이의 농도가 높은 방향으로 이동해 가게 된다. 이렇듯 매우 단순한 생명체인 박테리아에서부터 이보다는 고등 세포인 아메바에 이르기까지 단세포 생명체들도 먹이를 찾는 데 화학적 감각을 이용한다.

위험 회피

후각은 위험에서 벗어나는 데도 이용된다. 주위에서 타는 냄새가 난다든가, 가스 새는 냄새가 나면 우리는 이를 알아차리고 적절한 조치를 하게 된다. 또한, 냄새를 맡아서 불결한 상황이나 상한 음식을 구분하기도 한다. 이러한 기능을 수행하는 후각을 상실하게 되면 집안에 가스 냄새가 차는 것도 못 느끼는 위험한 경우를 접하기도 하고, 모르고 상한 음식을 먹어서 식중독에 걸릴 수도 있다. 사자가 풀숲에 숨어 있는 영양 냄새를 맡고 먹잇감을 구하기 위해 접근하기도 하지만, 영양도 다가오는 사자 냄새를 맡고 미리 도망감으로써 목숨을 보전하기도 한다(그림 1.1).

쥐를 포함한 설치류들은 포식자의 소변과 그렇지 않은 동물들의 소변 냄새를 구별하며, 유독 포식자의 소변 냄새에 대해서만 공포를 느낀다. 따라서 포식자의 소변 냄새 성분과 결합하는 후각 수용체를 망가뜨리면, 포식자로부터 공포를 느끼지 않는 대담한 쥐로 돌변하게 된다[1]. 이 포식자의 소변 냄새를 감지하는 후각 수용체를 연구한 결과, 이 후각 수용체는 사자, 재규어, 스라소니, 퓨마 등의 육식동물들의 소변 냄새에는 반응하지만, 사람을 비롯한 소, 말, 돼지, 토끼, 다람쥐, 기린 등의 소변 냄새와는 반응하지 않음을 알아낼 수 있었다[2]. 자신이 피해야 할 상

그림 1.1 먹이 찾기와 위험 회피. 포식자인 사자는 냄새를 맡아서 먹잇감을 찾지만, 피식자인 영양은 냄새를 맡아서 위험으로부터 도피한다.

대와 그러지 않아도 될 상대를 후각을 통해 구별하는 것이다.

관상용 물고기로도 애용되는 제브라피쉬Zebrafish는 4~5 cm의 작은 크기의 푸른색 몸통에 흰색의 줄무늬가 있어서 마치 얼룩말과 비슷하여 제브라피쉬로 불린다. 이 물고기는 청정도가 높은 물에서 서식한다. 후각이 잘 발달하여 썩은 고기 냄새를 매우 민감하게 맡아서 청정 지역으로 재빨리 회피할 수 있다. 썩은 고기 냄새의 주성분은 '카다베린cadaverine'과 '푸트레신putrescine'이라는 화학물질로서, 고기가 부패하는 동안 박테리아에 의해 아미노산이 분해되어 생기는 물질들이다. 이 중에서도 특히 카다베린은 사람을 포함한 동물의 사체에서 나는 강한 냄새로서 '죽음의 냄새'로 불리기도 한다. 그러나 생명체에 따라서는 이 냄새를 좋아하여 오히려 그쪽으로 이동하는 경우도 있고, 알을 낳는 산란 장소로 택하기도 한다. 연구자들이 제브라피쉬를 어항에 넣고 실험한 결과, 먹이를 주면 먹이가 있는 쪽으로 헤엄쳐 오고, 반대로 카다베린을 넣으면 다른 방향으로 도망간다는 것을 확인하였다. 이를 통해 제브라피쉬가 카다베린 냄새에 민감하다는 것을 알 수 있었고, 카다베린과 특이적으로 결합하는 후각 수용체를 제브라피쉬의 후각 세포에서 찾아내기도 하였다[3]. 이 후각 수용체를 이용하여 '죽음의 냄새'를 매우 민감하게 측정할 수 있는 바이오센서도 개발되었으며[4], 이와 같은 센서를 이용하여 음식의 신선도와 부패도를 매우 민감하게 측정할 수 있을 것으로 기대하고 있다.

이렇듯 외부 환경의 냄새를 맡아 위험을 감지하고 미리 피하는 경우도 있지만, 그러지 못하였을 경우라 하더라도 자신의 위험을 동료에게 알리는 수단으로서 후각이 이용된다. 포식자의 공격을 받은 물고기가 몸에 상처를 입으면, 그 상처에서 나는 냄새가 동료들에게 위험을 알리는 경고 신호로 작용하여 동료 물고기들을 위험 지역으로부터 회피할 수 있게 해준다[5]. 물고기가 후각을 이용하여 먹이를 찾기도 하지만 위험으로부터 회피도 하듯이 미생물들도 화학적 감각을 먹이 찾기와 위험 회피에 이용한다. 앞에서 주화성에 대해 언급하였지만, 먹이가 있는 방향으로 이동해 가는 것을 양성 주화성이라 부르는 반면, 위험물을 피해 반대 방향으로 이동하는 것을 음성 주화성이라 부른다.

움직일 수 있는 동물과 미생물은 냄새를 맡고 위험으로부터 도피할 수 있지만, 움직일 능력이 없는 식물은 자신이 움직이지 않고도 자신을 방어하는 방법을 개발하였다. 이 경우에도 냄새가 이용되는데, 식물은 냄새를 맡고 도망가는 대신에 자신이 냄새 물질을 분비함으로써 위험을 방지하는 방법을 터득하였다. 식물은 이를 위해 두 가지의 서로 다른 방법을 사용하는데, 하나는 포식자가 싫어하는 냄새를 분비하여 포식자의 접근을 막는 방법이고, 또 다른 하나는 자기를 공격하는 포식자를 잡아먹는 더 상위의 포식자를 냄새로 유인하여 불러들이는 방법이다.

전자의 예로는 호주의 특정 식물이 있다. 이 식물은 흰개미를 쫓아 버리는 냄새 성분을 발산하여 위험을 회피하는데, 이 냄새가 없으면 흰개미들은 이 식물을 공격하지만, 이 냄새가 분비되면 흰개미가 접근하지 않는 것이 관찰되었다[6]. 그런데 흥미롭게도 이 식물이 발산하여 흰개미를 쫓는 냄새 성분은 흰개미들이 자신을 방어하기 위해 만들어 사용하는 경고 페로몬과 동일한 성분이었다. 포식자인 흰개미의 의사소통 수단을 식물이 역으로 이용하여 흰개미가 그 식물에 접근하면 위험을 느끼게 함으로써 자신을 보호하는 전략을 구사한 것이다.

후사의 예로는 벌레가 자신의 뿌리를 갉아 먹으면, 그 벌레를 잡아먹는 선충이 좋아하는 냄새를 발산하여 선충을 불러들임으로써 자신을 괴롭히는 벌레를 쫓아 버리는 방법이다[7]. 이 경우보다 더 정교한 방어 기작을 사용하는 식물의 예도 있다. 자신을 갉아 먹는 애벌레의 침에 들어있는 성분을 식물이 감지하면, 말벌을 불러들이는 냄새 성분을 발산하여 이 애벌레를 잡아먹게 한다. 특이하게도 칼로 손상을 주는 것 같은 일회적인 종류의 손상을 받았을 때는 이런 냄새 성분을 발산하지는 않고, 오직 포식자의 생물학적 공격에 대해서만 냄새 성분을 발산하여 위험을 회피하는 매우 정교한 방어 기작인 것이다[8].

자손 번식

냄새 정보를 자손 번식을 위한 짝짓기에 이용하는 가장 잘 알려진 예는 페로몬과 관련된 것이다. 암컷 누에나방이 분비하는 페로몬은 수 킬로미터 밖의 수컷을 유혹할 수 있을 만큼 매우 강력한 자극을 일으킨다. 곤충의 경우에는 곤충의 머리 위에 길게 뻗어있는 두 개의 안테나(더듬이)가 후각 기관이다. 안테나의 내부에는 인간의 후각 시스템과 마찬가지로 후각 수용체를 가지고 있는 신경세포가 존재하고, 인간이 냄새 맡는 과정과 유사한 과정을 통해 냄새를 인식한다. 특히, 페로몬에 의한 자극은 후각 신경세포에 매우 강한 전기 신호를 발생시킴으로써 매우 민감하게 반응한다. 이성을 유혹하기 위한 성페로몬은 대부분 자기 자신이 생산하지만, 먹이로부터 얻어서 몸에 축적해 놓았다가 적절한 시기에 유용하게 사용하는 예도 있다.

곤충의 경우 두 가지의 강한 욕망인 성욕과 식욕은 모두 냄새를 통해 자극이 전달된다. 이 과정에서 성페로몬의 유혹과 먹이 냄새의 유혹은 서로 다른 과정의 자극으로 작용하는데, 짝짓기를 한 이후에는 성페로몬에 대한 민감도가 감소하고, 오히려 먹이 냄새에 더 민감한 반응을 보이는 것으로 나타났다[9]. 수컷 초파리의 경우에도 페로몬을 통해 암컷으로부터 유혹을 받게 되는데, 다른 수컷 경쟁자가 존재하면 또 다른 후각 정보로 경쟁자를 인식함으로써 경쟁자가 없을 때와 비교하여 짝짓기에 대한 열망이 더욱 강해지는 것으로 나타났다[10]. 특정 종의 도마뱀의 경우에는 수컷이 냄새를 풍겨서 암컷을 유혹하는데, 수컷이 발산하는 냄새 성분 중에 올레산oleic acid의 농도가 높으면 높을수록 암컷을 더 잘 매료시키는 것으로 나타났다[11].

인간의 경우에는 배우자를 선택할 때, 한 가지 감각에만 의존하여 선택하지는 않는다. 외모도 보지만, 그 사람의 성격, 경제력, 지적 수준 등 다양한 측면에서 평가를 한다. 그런데 생명체 중에는 오직 후각에만 의존하여 짝짓기 상대를 선택하는 예들도 관찰된다. 특정 종의 말벌의 경우에는 자신을 유혹하는 페로몬을 발산하는 암컷과의 짝짓기는 물론, 심지어는 같은 냄새 물질을 발산하는 식물과도 짝짓기를 시도하려는 장면이 포착되기도 하였다. 특정 종의 게의 경우에는 암컷이 내는 냄새 물질을 바위에 발라 놓으면, 놀랍게도 바위와도 짝짓기를 시도하는 것이 관찰되기도 하였다[12].

인간의 경우에는 배우자를 선택할 때, 후각에 의존하는 정도는 그리 크지는 않을 것으로 생각되지만, 자손을 번식하는 데는 후각과 무관하지만은 않을 가능성도 있어 보인다. 냄새를 인지하기 위해 없어서는 안 될 필수 요소가 우리 콧속에 존재하는 후각 수용체이다. 그런데 이 후각 수용체가 콧속에만 존재하는 것이 아니라 우리 몸의 다른 부위에도 존재한다는 사실이 밝혀지기 시작하였고, 가장 처음 밝혀진 곳이 바로 정자이다. 정자의 머리 부분에도 후각 수용체가 존재한다는 사실이 밝혀졌는데, 이는 정자가 난자를 향해 헤엄쳐가도록 하는 역할을 하는 것으로 예상된다. 따라서 인간의 경우에도 자손을 번식함에 있어서 후각이 모종의 역할을 하고 있을 것으로 여겨지고 있다.

후각과 일상생활

앞에서 살펴본 바와 같이 생명체에 있어서 후각은 먹이를 찾고, 포식자의 위험으로부터 피하고, 자손을 번식하는 데 필수 불가결하게 사용된다. 이 밖에도 연어나 비둘기와 같이 항해를 하는 동물들도 이를 위해 후각을 이용한다는 보고들이 있다. 자기가 태어난 곳으로 회귀한 연어는 알을 낳을 자리를 결정하는 데 후각을 이용하는 것으로 알려져 있다. 또한, 냄새를 통해 종족의 개체 수를 파악하는 등, 동종 간 또는 이종 간 냄새를 통해 의사소통하는 많은 예가 알려져 있다. 이렇듯 야생 생명체들의 경우에는 후각은 그들의 생존과 밀접한 연관성을 가지고 있다. 그러나 문명화된 사회에 살고 있는 인간의 경우에는 후각이 생존을 위한 기본적인 요건이라기보다는 안전에 관련된 요인과 삶의 질을 높여주는 요인으로 작용하고 있다. 타는 냄새나 가스 새는 냄새를 맡고 화재를 방지하거나 위험으로부터 피할 수 있으며, 음식이 상한 냄새를 맡고 식중독을 미리 방지할 수 있는 예들은 안전과 관련된 요인이다. 후각이 삶의 질과 관련되는 점에서는 불쾌한 냄새가 나는 곳에서 근무하거나 기거하는 삶에 비해 쾌적한 냄새가 나는 곳에서 생활하는 경우가 삶의 질이 훨씬 높다는 것은 말할 필요도 없는 사실이다. 그래서 향수 산업은 이미 수천 년 전부터 발달해 왔으며, 이집트 고분의 벽화와 고대 기록들이 이를 입증해 주고 있다.

향수는 악취가 안 나게 하는 것과 좋은 냄새를 나게 하는 두 가지의 목적이 있다. 크레타섬에는 무려 4천 년 전에 향수 공장이 존재하였다고 전해진다. 현대의 향수 산업이 발달하기 시작한 곳은 프랑스 남부의

'그라스Grasse'라는 도시였다. 영화 '향수'에 등장하는 주인공은 프랑스 파리의 재래식 시장 내에 있는 악취가 진동하는 매우 지저분한 생선가게 구석에서 태어난 후, 부모에게서 버려져 고아원에서 불우한 어린 시절을 보낸다. 그는 5살이 되어서도 말을 할 줄 몰랐으나 모든 것들을 냄새로 기억할 수 있는 뛰어난 후각적 재능을 가지고 있었다. 냄새라는 영역에 있어서는 남다른 탁월한 감각을 지니고 있었던 그가 자신의 꿈을 이루기 위해 찾아갔던 곳이 바로 프랑스 남부의 그라스였다. 이 지역에서 향수 산업이 발전하게 된 이유는 이 지역이 피혁(동물 가죽) 제품을 많이 생산하는 곳으로서 가죽 제품의 가공 시에 발생하는 역겨운 냄새를 없애기 위해서였다. 맡아본 사람은 알겠지만 가죽을 무두질하고 염색하는 과정에서 나는 냄새는 매우 역해서 숨쉬기가 어려울 정도이다. 가죽 제품을 생산하는 현장에서 값싸게 구입하고자 할 경우, 마음에 드는 가죽 제품을 고르기 위해서는 하는 수 없이 이 냄새를 감수하여야 한다. 견디기 어려운 악취를 경감하는 방법으로 매장에는 잎이 달린 민트 나뭇가지가 준비되어 있다. 민트 잎을 코에 대고 있으면 역겨운 냄새를 어느 정도 피할 수 있기 때문이다.

향수가 아니더라도 향이 들어있는 제품들은 우리 일상생활 곳곳에 자리하고 있다. 아침에 일어나서 이를 닦으면 치약에서 민트 냄새가 나고, 샤워하면서 사용하는 샴푸, 린스, 비누에 있는 향의 종류는 각 회사의 제품마다 다양해서 일일이 열거할 수도 없을 정도이다. 샤워를 하고 나서 몸에 묻은 물기를 닦기 위해 사용하는 타올에서도 섬유 유연제 냄새가 배어 나온다. 후각은 후각으로서만 아니라 다른 감각에도 영향을 미치는데, 타올에서 레몬 향기가 나는 것이 동물 냄새가 나는 것보다 타올이 더 부드럽게 느껴진다는 연구 결과도 있다. 타올 뿐만 아니라, 화장실 변기 옆에 걸려있는 두루마리 화장지에도 향이 난다. 화장실에서 나와 얼굴에 로션이라도 바르거나 화장하는 동안에는 더 많은 종류의 향을 접하게 된다.

세면을 마치고 아침 식탁으로 다가가면, 또 다른 종류의 냄새를 느끼게 된다. 식욕을 자극하는 냄새들이다. 이들 냄새 속에 포위되어 식사를 시작하면, 우리는 또 다른 냄새의 세계를 경험하게 된다. 음식을 먹고 음료를 마시면서 느끼는 감각을 우리는 흔히 맛이라고 생각하지만, 이것은 커다란 오산이다. 음식의 맛을 느끼는 감각보다 그 음식의 훨씬 더 오묘한 자극을 전해주는 감각이 바로 후각이다. 이는 나중에 더 자세하게 이야기하겠지만, 음식을 먹을 때 나는 음식 냄새는 입과 코 사이에 연결되어 있는 통로를 통해 입속에서 코로 전해져 후각 기관을 자극하고, 이로 인해 우리는 음식의 오묘한 냄새를 즐길 수 있는 것이다. 아침에 집에서 출발하기 전에 집안에서 경험하는 냄새만으로도 이 정도이다. 집 밖을 나서면 이제 사회의 다양한 냄새들 속으로 들어가서 하루의 생활을 하게 된다.

고급 백화점에 들어서면 고객을 처음 맞이하는 코너는 거의 어느 백화점이나 화장품 코너이다. 화장품 코너에서 흘러나오는 은은한 향기가 그 백화점의 품격을 한껏 높여준다. 호텔 체인들도 향 전문가들의 도움을 받아서 더 격조 있고 고급스러운 분위기를 자아내려고 노력한다. 대형 서점들도 향 전문가들이 디자인한 그 서점 고유의 향을 매장 내에 수시로 뿜어주어, 서점을 방문하여 책을 읽고 고르는 사람들에게 지적 행복감을 더하게 하는 분위기를 연출한다.

반면, 아무리 화려한 장식으로 꾸며진 곳이라도 불쾌한 냄새가 나면 그곳에 오래 머물고 싶지는 않을 것이다. 인도의 대표적인 유적인 타지마할을 방문한 적이 있는 사람들은 어느 정도 공감할 것으로 생각된다. 타지마할에 도착하여 웅장하고 아름다운 건물을 보다 보면 탄성이 절로 나온다. 웅장하면서도 깔끔한 백색 건물에 한껏 매료되어 감상하며, 넓은 앞뜰 정원의 중앙에 길게 위치한 연못을 따라 건물로 다가가면 어느덧 환상적인 모습을 하고 있는 궁전의 입구에 다다른다. 건물 내부에는 신발을 벗고 들어가게 되어 있다. 건물 밖에서 누렸던 시각적 호사는 건물 내부에 들어서자마자 후각적 충격으로 급변한다. 마치 전 세계의 발 냄새를 다 모아 놓은 것 같은 느낌이다. 다행히 후각은 빨리 적응하는 특성이 있어서 건물 내부를 모두 둘러볼 수 있는 정도는 되지만, 그 후각적 기억은 오래오래 남아 있을 것이다.

후각과 기억

후각과 기억을 이야기할 때 거의 어김없이 등장하는 에피소드는 마르셀 프루스트Marcel Proust의 소설 '잃어버린 시간을 찾아서'에 나오는 장면이다. 차에 적신 마들렌 빵 조각이 들어있는 찻숟가락을 입술에 갖다 대는 순간 어린 시절의 기억 속으로 빨려 들어가는 부분이다. 차에 적신 마들렌 빵 조각의 냄새가 어렸을 적 맡았던 냄새의 기억과 연결되면서 그와 연관된 과거의 기억들이 줄줄이 연결되어 떠오른다(그림 1.2). 과거에 맡았던 냄새를 시간이 지난 후 다시 맡았을 때, 과거의 기억을 떠올리는

그림 1.2 프루스트 현상. 차에 적신 마들렌 빵 조각이 들어있는 찻숟가락을 입술에 갖다 대는 순간 어린 시절의 기억 속으로 빨려 들어가, 어렸을 적 맡았던 냄새의 기억과 연결되면서 그와 연관된 과거의 기억들이 줄줄이 연결되어 떠오른다.

현상을 심리학자들은 '프루스트 현상'이라고 한다. 잊혔던 냄새를 맡음으로써 떠올랐던 그런 기억이 누구에게나 있을 것이다. 필자에게도 그런 기억이 있다. 그 기억을 떠올렸던 것도 벌써 오래전의 일이고 그 후로도 다시 그 냄새를 맡을 기회는 없었지만, 냄새와 기억에 대한 이야기가 나오면 생각나는 추억으로서 지방 출장 중에 있었던 일이다.

출장 중에 묵는 호텔에는 샴푸가 비치되어 있는 경우가 많다. 어느 날 샤워를 하며 호텔에 비치된 샴푸를 풀어 머리에 바르고 거품을 잔뜩 내고 있었는데, 정말 오랜만에 맡는 옛날의 그 샴푸 냄새였다. 그 샴푸 냄새는 나를 대학 시절의 아련한 기억으로 이끌었다. 대학 시절 집에서는 A 샴푸를 쓰고 있었다. 내 기억에는 대학 시절 내내 그 샴푸만 줄곧 사용하였던 것으로 기억된다. 어느 여름 방학에 친구들과 동해안으로 여행을 가기로 하였고, 방학이 시작되기 전부터 여행 갈 꿈에 부풀어 모두 모여서 여행 계획을 논의하였다. 신분증은 꼭 지참하여야 한다는 둥, 여름이라도 밤에는 추울 수 있다는 둥, 여행을 자주 다녀본 친구의 지휘 아래 이런저런 계획을 세워 각자가 준비할 담당 물품들을 분배하였다. 쌀, 양파, 장조림 등의 식료품 거리를 분배하고, 치약, 비누, 샴푸, 휴지 등의 생활용품 담당도 정해서 여행 동안 대여섯 명의 멤버들이 사용할 수 있는 분량을 준비하도록 각자에게 할당하였다. 필자는 감자를 맡았는데, 감자 한 자루가 그렇게 무거운 줄은 그때 처음 알았다. 국도로 오가는 시외버스를 다고 각자 한 짐씩 준비한 물건들을 들고 동해안으로 향하였다. "자~ 떠~나자~ 동해 바다로~" 송창식의 '고래 사냥'을 부르며 신나게 출발하였다.

바다 냄새를 실컷 맡으며 동해안에서 즐거운 며칠을 보내고 어느덧

떠날 날이 다가왔다. 가져왔던 식자재들은 그럭저럭 모두 소비하였는데, 가장 많이 남은 것이 샴푸였다. 샴푸 담당이 통이 커서 가장 큰 것으로 샀는데, 아마도 콜라 페트병 크기만 했던 것 같다. 절반 이상이 남은 상태에서 이걸 어떻게 하나 하고 망설이고 있을 즈음, 어떤 친구 하나가 의기양양하게 소리쳤다. "야, 우리 남은 샴푸로 바디샴푸하자!" "바디샴푸?" "그래, 외국 영화에 보면 온몸에 거품을 내며 하는 그 바디샴푸 말이야!" "오호, 바디샴푸~" 우리는 샴푸는 머리 감을 때만 사용하는 것으로 생각하였는데, 그 친구 말을 들으니 온몸에 들이부어도 될 것 같았다. 샴푸가 비싸서 몸에 부을 생각을 꿈에도 못 하였지만, 기왕 남은 샴푸이니 이 기회에 바디샴푸를 해보는 것도 좋을 것으로 생각되어 모두 신나서 동의하였다. 통에 남은 샴푸를 나누어 각자 영화에서 보았던 장면을 상상하면서 온몸에 바르고 거품을 내기 시작하였다. 그런데 영화와 같이 거품이 잘 나지 않았다. 거품이 나기는커녕 온몸에 미끈거리는 샴푸는 바닷가의 차가운 펌프 물로는 잘 닦여지지도 않았다. '거품 목욕'을 위한 샴푸는 따로 있다는 사실은 그 일이 있고 난 뒤, 수년이 지난 후에야 알았다. 샴푸로 코팅된 온몸을 그냥 그대로 말리는 수밖에 없었다. 온몸에 뒤집어썼던 샴푸는 집에서 사용하던 것과는 다른 B 샴푸였다. 나와 친구들 몸에서는 B 샴푸 냄새가 풀풀 났고, 그 상태로 동해안을 떠나 서울로 돌아왔다. 서울에 와서는 다시 집에서 쓰는 A 샴푸를 쓰게 되었고, 그 후에는 오랫동안 B 샴푸를 다시 쓸 기회가 없었다. 그런데 십년 이상의 세월이 흐른 어느 날 출장 와서 묵은 호텔에서 사용하게 된 샴푸가 바로 그 B 샴푸였다. B 샴푸의 냄새와 함께 십여 년 전 동해안에서 웃고 떠들던 친구들과의 즐거운 기억이 새삼 떠올랐다.

냄새에 의해 떠올려지는 기억은 다른 원인에 의해 떠오르는 기억보다 더 감성적이고 유쾌한 기억들이며, 시간과 공간적으로 더 현실감 있고 생생하게 느껴지는 특성이 있다. 이런 특성은 뇌 속에서 일어나는 냄새 인식 과정에서 그 이유를 찾을 수 있다. 냄새를 느끼는 과정에 대해서는 제4장에 보다 자세히 기술되어 있지만, 코의 후각 기관에서 감지된 냄새 분자들의 후각 신호는 뇌 속으로 전달되어 가면서 감정, 연산 학습, 기억과 관련되는 뇌의 부분과 연관을 지으며 전달되는 과정을 거친다. 인간의 오감 중에 뇌에서 이런 과정을 거치며 인식되는 감각은 후각이 유일하며, 따라서 냄새에 의해 촉발되는 기억은 다른 감각으로부터 연상되는 기억들보다 더 감성적이고 생동감 있게 느껴진다. 또한, 유쾌한 과거의 기억을 유발시키는 냄새는 우울한 느낌, 스트레스, 염증 반응 등을 감소시키며 욕망을 가라앉히는 반면, 긍정적인 감정, 자신감, 동기, 활력 등을 증가시키고 이로 인해 더 활동적인 생활을 하게 하는 효과가 있기 때문에 정신 건강과 육체 건강의 증진에 도움을 주는 것으로 나타났다[13].

후각과 건강

후각 능력 저하의 징후는 많은 질병과도 연관된 것으로 알려져 있다. 이 글을 쓰고 있는 지금, 전 세계가 고통을 겪고 있는 코로나바이러스 감염증COVID-19도 후각 이상과 무관하지 않다. 미국 질병관리본부는 후각의 상실을 코로나 감염증의 징후 중 하나로 명시하였다. 영국 BBC는 코로

나 감염증으로 인해 후각에 이상이 생긴 사람들과의 인터뷰 내용을 보도하였다. 한 30대 영국 여성의 경우에는 코로나 감염증에 걸리고 후각의 상실과 이상을 겪으며 고통을 호소하였다. 후각을 잃어버린 후 4주 동안은 아무 냄새도 맡지 못하였다가 그 후에 점차 후각이 회복되기 시작하였지만, 후각이 정상적으로 회복되지 못하고 이상한 냄새가 느껴지기 시작하였다. 평상시에는 아무 냄새도 나지 않던 수돗물에서 악취가 나서 샤워를 하는 시간은 악취를 견뎌야 하는 시간이 되었고, 본인이 가장 좋아하던 샴푸 냄새도 역겨운 냄새로 변하였다. 음식 냄새도 역겨워져서 체중도 줄었다. 고기에서 휘발유 냄새가 나고, 스파클링 와인에서는 썩은 사과 냄새가 나서 먹고 마시기가 힘든 상태였지만, 치즈와 파스타가 그나마 견딜 만한 음식이라고 하였다. 코로나 감염증에 걸린 또 다른 30대 영국 여성의 경우에는 가장 역겨운 냄새가 치약 냄새였다. 이로 인해 이를 닦을 때 치약 대신에 소금을 사용하는 궁여지책을 사용하고 있다. 카레에서는 페인트 냄새가 났고, 가장 역겨운 냄새는 커피, 양파, 마늘 등이었다고 한다. 또 다른 20대 여대생의 경우에는 대부분의 음식에서 채소와 뒤섞인 썩은 고기 냄새가 난다고 하였다. 일상생활에서 후각이 얼마나 중요한지를 새삼 일깨워주고 있다.

후각 기능의 저하는 후각 기관 자체에 생긴 종양이나 감염으로 인해 발생하는 경우도 있지만, 후각 기관과 관련이 없어 보이는 다양한 질병들과도 연관이 있는 것으로 나타났다. 이런 질병들로서는 간질, 뇌졸중, 중추신경계 질환 등이 있다. 냄새를 맡는 과정이 뇌 속에서 진행되는 상당한 정도의 신호 전달 과정을 거치게 되므로 뇌에서 일어나는 이상 징후는 결과적으로 후각 신호 전달 과정에도 영향을 미치게 되어 후각에 이상 징후를 보이게 된다. 따라서 뇌 질환의 초기 증상으로서 후각을 잃어버리는 경우가 종종 발생한다. 가장 대표적인 뇌 질환인 알츠하이머병과 파킨슨병이 그런 예에 해당한다. 알츠하이머병의 초기 증상 중의 하나가 후각 상실이며, 후각 테스트가 이 병의 초기 진단으로 매우 유용한 수단이라는 연구 결과들도 보고되었다[14, 15]. 후각 기관이 직접적으로 손상된 경우에는 냄새를 감지하는 것과 구별하는 것 모두에 문제가 있는 반면, 알츠하이머병의 경우에는 냄새는 감지하지만 그 냄새가 어떤 냄새인지를 식별하는 것에는 문제가 있는 것으로 나타났다[16]. 후각 상실은 파킨슨병의 초기 증상이기도 하며, 이 병을 가진 환자의 90%가 후각 상실을 경험하는 것으로 나타났다[17].

인간의 후각에 대한 잘못된 통념

인간의 5감 중에서 후각은 가장 덜 중요하고, 또한 다른 동물과 비교하여도 미약하다고 여겨져 왔다. 우리에게 잘 알려진 철학자인 칸트Immanuel Kant도 18세기 말에 출간된 그의 저서에서 인간의 감각 중에서 후각이 가장 덜 긴요하며, 즐거움보다는 불쾌함을 더 많이 제공하는 감각이라고 기술하였다. 특히 붐비는 장소에서는 더욱 그러하다고 하였으며, 후각이 향기롭고 상쾌한 느낌을 줄 때가 있기는 하지만, 그것도 순간적으로 스쳐 지나가는 일시적인 느낌일 뿐이라고 후각에 대해 매우 평가 절하하였다[18].

정신분석학의 창시자로 알려진 지그문트 프로이트Sigmund Freud는 인간은 미약한 후각을 가지고 있으며, 후각의 위축이 정신질환의 발생에 영향을 주었다고 주장하였다. 또한, 19세기 신경해부학자인 폴 브로카Paul Broca는 후각 인식을 담당하는 뇌의 일부인 후각 망울이 전체 뇌에서 차지하는 비율을 비교하였을 때, 다른 동물들보다 작다는 것에 근거하여 인간의 후각은 다른 동물들의 후각과 비교하여 미약하다는 주장을 하였다[19]. 인간의 경우에 후각 수용체의 종류도 개나 쥐 같은 다른 동물들보다 현저히 적다. 이런 영향으로 20세기에 들어와서도 인간의 후각은 통념적으로 많은 부분 무시되어 왔으며, 별다른 관심을 받지 못하여 왔다. 그러나 후각 수용체의 개수나 후각 망울이 뇌에서 차지하는 비율이 작은 원숭이가 더 많은 후각 수용체와 더 큰 후각 망울을 가진 원숭이보다 오히려 냄새를 더 잘 구별한다는 실험 결과를 보인 예가 보고되기도 하였다[20]. 또한, 설령 인간의 후각 수용체의 개수나 후각 망울의 크기가 작은 것이 후각 능력에 단점으로 작용한다고 하더라도, 인간의 뇌가 다른 동물들의 뇌보다 훨씬 커다란 크기의 작업 능력이 있으므로 냄새에 대한 인지가 결과적으로 더 우수하다는 주장도 제기되었다.

앞에서 기술하였듯이 야생의 생명체에게 있어서 후각은 위험 회피, 먹이 찾기, 자손 번식을 위해 필수적인 감각이다. 인간의 경우에 있어서 후각의 역할을 이와 비교한다면, 위험 회피라는 측면에서는 유사해 보인다. 반면, 먹이 찾기와 자손 번식이라는 측면에서는 인간에게는 후각이 필수적이라기보다는 행복감을 증대시킴으로써 삶의 질을 높여주는 역할을 한다. 인간은 후각을 통해 '먹이 찾기'의 필수적 목적을 달성하기보다는 음식의 풍미를 즐기는 높은 수준의 생활을 추구한다. 음식의 풍미는 맛, 향, 식감 등이 어우러져 나타나며, 후각은 여기서 중요한 역할을 한다. 또한, '자손 번식'의 필수적 목적보다는 이성 간의 로맨스에 있어서 보다 높은 행복감과 만족감을 가져다준다. 후각에 대해서는 아직도 미스터리로 남아 있는 부분이 있지만, 최근 들어서 후각에 대한 과학적 이해가 급격히 진전되고 있다. 후각 메커니즘을 규명한 공로로 2004년에 노벨상이 나왔고, 다른 동물들과 비교해도 인간의 후각이 그렇게까지 미약하지 않다는 연구 결과가 속속 발표되면서, 인간의 후각이 새로운 각도에서 조명을 받기 시작하였다.

2장

냄새에 대한 다양한 접근

아테네 학당
냄새는 증기 형태일거야!
냄새는 파동일거야!
플라톤
아리스토텔레스

냄새의 정체에 대해 이해하려는 노력은 과학이 발달하기 이전에 철학자들의 사고로부터 시작되었다. 그 후에는 과학들의 몫으로 넘어왔는데, 과학자들 중에서는 식물학자들이 냄새에 대해 가장 먼저 관심을 가지기 시작하였다. 식물학자들의 관심은 냄새 그 자체보다는, 식물을 약용으로 효과적으로 사용하기 위한 수단으로서 냄새를 활용하려 하였다. 즉, 냄새를 식물의 약효를 구별하고 등급을 매기기 위한 방법으로 이용하려고 노력하였고, 이를 위해 냄새를 여러 등급으로 분류하는 작업을 시도하였다. 그다음으로 냄새에 관심을 가진 과학자들은 화학자들이었다. 향수 제조 기술은 초기 화학자들이 사용했던 물질 및 방법들과 매우 유사하였다. 냄새를 일으키는 물질이 화학 분자이므로 과학이 더욱 발전하면서 자연스럽게 냄새는 화학자들의 관심사가 되었다. 화학자들은 냄새 물질의 분자 구조를 분석하고, 분자 구조와 냄새 느낌과의 상관관계를 정립하려는 노력을 오랫동안 경주하였다. 그러나 이런 많은 노력들은 그리 성공적이지 못하였고, 냄새의 정체는 과학자들이 이해하지 못하는 신비로운 영역으로 남게 되었다. 그러던 중 냄새 연구에 생물학적 관점의 연구가 새로이 도입되면서 돌파구가 마련되었다. 드디어 혼돈의 시기를 마감하고 새로운 통찰력을 제공하는 분자생물학적 연구 결과가 나타났다. 우리 콧속에 존재하는 후각 수용체가 냄새를 결정하는 열쇠 역할을 한다는 것이 밝혀지고, 이로 인해 냄새를 맡는 메커니즘에 대해 이해할 수 있게 되었으며, 그 공로로 2004년에 노벨상이 나왔다. 고대 철학자의 사고로부터 현대 과학에 이르기까지 인간이 냄새와 후각의 개념에 대해 생각하고 이해하려 노력해 온 과정을 살펴보자.

철학적 접근

철학적 사고가 활발하게 전개되기 시작한 고대 그리스 시대에도 후각에 대한 사고가 그리 큰 주목을 받지는 못하였지만, 몇몇 흥미로운 기록들이 남아 있다. 고대의 철학자들도 냄새와 맛에 대해 생각을 하였고, 향기와 악취의 차이에 대해 고민을 하였다. 소크라테스 이전의 철학자인 데모크리토스는 모든 물질들은 아주 작은 입자들로 구성되었다는 원자설을 주장하였고, 냄새와 맛도 이런 원자들이 원인을 제공한다고 생각하였다. 주방 안을 들여다보지 않더라도 주방에서 새어 나오는 냄새를 맡으면, 지금 주방에서 빵을 굽고 있다는 것을 알 수 있는 것은 빵의 원자가 공기 중으로 이동해 와서 코를 자극하기 때문이라고 생각하였다. 음식으로부터 다양한 맛을 느끼는 이유는 다양한 모양을 가진 원자들이 혀의 표면에 다양한 종류의 물리적 자극을 가하여 생기는 것으로 생각하였다. 또한, 달콤하고 향기로운 냄새는 둥그런 원자들이 원인을 제공하는 반면, 자극적인 냄새나 악취는 모가 난 원자들에 의해 발생된다고 생각하였다(그림 2.1). 데모크리토스의 원자설은 물론 과학적 증거에 기반한 것은 아니었지만, 현대 과학에서 분자를 정의하는 접근 방식과 매우 유사한 사고를 하였다는 것을 알 수 있다. 그러나 현재 데모크리토스의 저술들은 거의 남아 있지 않다. 그의 유물론적 사고방식은 신을 중요시하는 그 시대의 사고방식과 상치되는 면이 많았고, 고대 그리스 철학을 대표하는 플라톤과 아리스토텔레스에 의해 가려진 면도 많은 것으로 보인다. 플라톤은 심지어 데모크리토스의 책이 모두 불태워지기를 바랐다고 전해진다.

그림 2.1 향기와 악취에 대한 고대 그리스 철학자의 생각

그 후, 소크라테스의 제자인 플라톤은 냄새는 어떤 물질이 증기나 연기 형태로 변함으로써 생성되는 것으로 생각하였다. 이제 우리는 냄새를 일으키는 원인이 휘발성 물질이라는 것을 안다. 이를 감안한다면, 플라톤의 생각도 현재의 과학적 사고와 매우 유사했음을 알 수 있다. 반면, 플라톤의 제자인 아리스토텔레스는 냄새에 대한 생각이 달랐다. 물고기가 물속에서도 냄새를 맡고 먹잇감을 찾는다는 것은 냄새가 증기나 연기의 형태가 아니라는 증거라고 생각하였으며, 냄새는 파동이라고 생각하였다. 라파엘로가 그린 '아테네 학당' 그림의 정중앙에서 걸어 나오고 있는 두 사람이 바로 고대 그리스 철학을 대표하는 플라톤과 아리스토텔레스이다. 플라톤이 '증기설'을 주장했다면, 아리스토텔레스는 '파동설'을 주장한 셈이다. 냄새를 물질로 보는 견해와 파동으로 보는 이와 같은 두 가지의 다른 생각은 현대의 과학자들에게도 영향을 미쳤으며, 20세기 말까지도 서로 다른 두 주장이 공존하였다. 냄새에 대한 다양한

사고에 대해서는 바위치A. S. Barwich가 저술한 '냄새철학Smellosophy'이라는 제목의 책에 많은 내용이 기술되어 있다[1].

종교적, 의학적, 정신적 접근

중세에 들어와서 냄새는 선악의 판단 기준이 되었다. 좋은 냄새는 선과 결부시키는 반면, 악취는 악과 결부시켰다. 지옥은 썩은 냄새가 진동하는 곳으로 묘사되었고, 천국은 향기로운 꽃향기가 풍기는 곳으로 묘사되었으며, 종교적 예식은 항상 향을 피우며 거행되었다. 종교와 향은 이미 고대 이집트 시대에서 불가분의 관계를 가지고 있었다. 고대 이집트 시대에도 종교 예식에서 향을 피웠으며, 인도에서 발원된 불교의 경우에도 석가모니가 태어나자마자 향유로 씻겨졌다는 기록이 있다. 기독교와 관련하여도 아기 예수의 탄생 시에 동방박사가 가지고 온 예물 중에는 유향과 몰약이 있었고, 마리아는 예수님의 발에 향유를 붓고 자기 머리털로 씻겨 드렸다. 지금 우리 시대에도 제사를 지낼 때나, 설날 차례를 드릴 때 향을 피운다.

냄새는 또한 중세 의사들에게는 진단과 치료의 수단이었다. 소변의 색깔과 냄새는 질병의 진단에 주요하게 사용되었다. 이는 현대 의학에서도 진단에 도입하려는 방법이다. 개가 주인에게서 나는 냄새를 알림으로써 폐암을 조기에 발견했다는 기사도 있고, 개가 소변 냄새를 통해 전립선암 환자를 90% 이상의 정확도로 진단한다는 보고도 있다. 현재 병원에서 사용되고 있는 소변 샘플로부터 진단하는 전립선암 진단 방법이 20%도 채 안 되는 정확도를 가지도 있는 것과 비교하면 놀라울 정도의 정확도이다. 환자의 소변이나 호기의 휘발성 성분에서 각종 질병의 바이오마커를 찾는 연구가 광범위하게 진행되고 있고, 이는 결국 환자에게서 나는 냄새 성분을 의미한다. 사람의 호기 냄새를 통한 질병 진단은 현재에도 주목받고 있는 미래 기술 중의 하나이다.

냄새라는 단어를 말할 때 냄새 물질이라는 의미로 이야기할 때가 있고, 냄새 느낌이라는 의미로 이야기할 때가 있다. 예를 들어, '손에서 냄새가 난다.'라는 의미는 손에 뭔가 냄새나는 물질이 묻었다는 의미이다. 반면에 '꽃 냄새가 좋다.'라는 문장에서의 '냄새'는 향기로운 느낌을 의미한다. 전자는 물질적 본질이고, 후자는 비물질적 본질이다. 중세 학자 중에는 감각 인식의 본질을 이와 같이 두 가지로 나누어 구별하기도 하였는데, 물질적 본질은 감각기관에 의해 획득되며, 비물질적 본질은 영혼에 의해 느껴진다고 보았다. 냄새의 경우를 생각해 볼 때, 냄새 분자라는 '냄새 물질'이 있고, 그것을 정신적으로 느끼는 감성적인 '냄새 느낌'이 별도로 존재하는 것으로 본 셈이다.

반면, 독일의 신학자이자 철학자이며 과학자인 알베르투스 마그누스 Albertus Magnus는 이 두 가지 본질을 조합하여 냄새를 해석하려는 시도를 하였다[2]. 중세 학자들 간에는 플라톤의 '증기설'과 아리스토텔레스의 '파동설' 중에 어떤 것이 옳은 것인가에 대한 논쟁이 있었고, 아리스토텔레스의 '파동설'을 인정하는 경향이 주류를 이루었다. 아주 멀리 떨어진 사체 냄새를 맡고 먹잇감을 찾아가는 새의 행동이 파동설을 믿는 증거로서 사용되었다. 그러나 마그누스의 생각은 달랐다. 플라톤이 주장하는 바와 같이 냄새는 일차적으로 공기 중에 물질로서 존재하며 이동하여 감각기관으로 들어 오지만, 그 이후에는 정신적 형태로 전환되어 인식된다고 보았다. 비록 냄새 인식의 메커니즘에 대해 규명하지 못한 상태로 기술한 내용이지만, 현재 우리가 이해하고 있는 냄새 맡는 메커니즘과 일맥상통하는 면이 있는 생각이다. 화학 분자인 '냄새 물질'이 우리의 콧속으로 들어와서 후각 신경세포에 의해 전기적 신호로 변환된 후, 뇌로 전달되어 인식됨으로써 '냄새 느낌'을 느끼게 된다는 것이 현재 우리가 과학적으로 이해하는 메커니즘이다.

식물학적 접근

동물들은 위험에 처하면 몸을 이동시켜 도망갈 수도 있고, 소리를 내어 동료들에게 위험을 알릴 수도 있다. 그러나 식물들은 이런 기능을 가지고 있지 않기 때문에 자신의 방어, 번식, 정보 교환 등을 위해 냄새를 생산하고 방출한다. 따라서 꽃, 풀, 나무 등은 다양한 종류의 독특한 냄새들을 생산하여 방출하는 생존 전략을 사용하고 있고, 식물학자들도 자연스레 냄새에 관심을 가지게 될 수밖에 없었다. 이로 인해 냄새에 대한 이해는 18세기에 들어와서 식물학자들을 통해 과학적 발전을 가져오게 된다. 화학적 합성 방법이 개발되기 이전에는 의약품의 원료 물질은 주로 식물에서부터 얻어왔다. 한약재는 현대에도 거의 모두 약용 식물로부터 얻고 있음을 알 수 있다. 그리하여 식물학자들은 각종 식물의 의약적 가치를 판단할 수단을 찾으려고 노력하였고, 냄새는 이를 제공해 주는 좋은 수단이었다.

생물분류학 체계를 확립한 스웨덴 식물학자 칼 폰 린네Carl von Linné는 생물뿐 아니라 주위의 모든 것들을 분류하여 카테고리화하려고 시도하였다. 우리가 잘 아는 바와 같이 인간의 학명을 호모 사피엔스라고 명명한 것도 린네의 분류법에 따른 것이다. 이런 천재성을 지닌 린네는 냄새의 분류도 시도하였다(그림 2.2). 아마도 역사적으로도 냄새 분류에 대한 첫 번째 시도인 것으로 여겨진다. 식물학자인 린네는 냄새 자체를 대상으로 분류를 시도하였다기보다는 식물을 의약적 목적으로 사용하기 위해 그 효능을 나타내는 지표로써 냄새를 활용하였다. 기분 좋은 냄새로부터 불쾌한 냄새에 이르기까지의 등급을 6등급으로 나누어 '냄새 느낌'을 분류하였으며, 특이하게도 마늘 냄새는 따로 떼어서 분류함으로써 7가지 카테고리로 나누었다.

그 이후에도 여러 식물학자에 의해 꽃과 잎에서 나는 냄새를 중심으

그림 2.2 냄새의 분류를 처음 시도한 스웨덴 식물학자 칼 폰 린네

로 '냄새 느낌'의 분류가 시도되었으나 그리 만만한 작업은 아니었다. 마치 광학자들이 빛을 프리즘으로 분리하여 색깔 스펙트럼을 얻어 냈듯이 냄새도 속 시원히 분류하고 싶었지만 쉬운 일이 아니었다. 이 세상에 존재하는 오묘하고 다양한 색들이 단지 세 가지 삼원색의 조합으로 이루어졌다는 멋진 사실을 알아낸 것과 같이, 냄새에서도 삼원색처럼 근간을 이루는 근원적 냄새들을 찾아내고 싶었지만 뜻대로 되지는 않았다.

화학적 접근

향을 만드는 '조향'이라는 전문 분야는 이집트 시대에도 기록이 남아 있을 정도로 아주 오래된 분야이다. 과거의 향수 비즈니스의 경우에는 향의 배합 비율을 알고 그 원료만 구할 수 있으면, 그 향수를 쉽게 제조할 수 있는 비즈니스였으므로 향 원료의 출처와 배합 비율에 대한 정보는 향 제조자들 간에는 철저한 비밀이었다. 그러나 화학이 발달하면서 이런 비밀은 더는 비밀이 되지 못하였다. 조향사들의 향수 제조 기술은 초기 화학자들이 사용했던 물질 및 실험 방법들과 매우 유사한 방법과 과정을 거치면서 발달하였고, 19세기에 접어들면서 향수 제조는 자연스레 화학이라는 학문과 연결되면서 냄새 분야에서의 화학적 발전을 가져오게 되었다. 17세기 현대 화학의 개척자인 로버트 보일Robert Boyle도 냄새와 관련된 실험을 수행하였다(그림 2.3). 냄새가 없는 두 가지 물질을 섞었더니 냄새가 나는 물질로 변하였고, 심지어 악취를 내는 물질을 섞었는데 향기로운 냄새로 변하기도 하였다. 또한, 거의 냄새가 없는 물질을

그림 2.3 냄새의 화학적 접근을 시도한 보일

섞어서 기존의 냄새를 강하게도 할 수 있었으며, 약하게도 할 수 있었다. 이런 실험을 통해 보일은 냄새 물질의 생성은 화학반응의 법칙에 따라 일어난다는 결론을 도출하였다[3].

현대 화학의 발전에 기반하여 개발된 기술 중에 냄새 분야에 가장 큰 기여를 한 두 가지 기술은 향의 화학 성분을 분석할 수 있는 분석 기술과 향 성분을 화학적으로 합성할 수 있는 합성 기술이었다. 두 가지 중 전자인 냄새 분석 기술에 대해서는 7장에 보다 자세히 기술되었다. 후자인 합성 기술의 결과물로서 1868년에 쿠마린coumarin이 처음으로 합성되었고, 1869년 헬리오트로핀heliotropin, 1877년 바닐린vanillin이 각각 합성되었다. 이 세 가지 성분은 화학자 겔랑Guerlain이 조제한 '지키Jicky'라는 향수에 사용되기도 하였다(그림 2.4). 이 세가지 성분은 자연에 존재하는 향을 인위적으로 합성한 것으로서 천연물과 동일한 성분이다. 이처럼 천연물과 동일하게 합성된 성분은 식물이나 동물 등으로부터 추출하는 방법을 대체할 수 있는 좋은 수단이 되었다. 꽃에서 추출해 왔던 향기 물질의 경우에는 꽃을 수거할 수 있는 계절에만 원료를 공급할 수 있었고, 꽃을 수거하기 위한 노동력도 만만하지 않았다. 예를 들어, 재스민 향을 내는 1 kg의 오일을 얻기 위해서는 재스민 꽃 7백만 송이가 필요하고, 그것도 재스민 향 성분의 농도가 가장 높은 시간인 이른 아침에 꽃송이를 따야 하며, 사람의 손으로 일일이 따야 한다. 기계적으로 수거 방법이 개발된 라벤다 꽃의 경우에도 높은 수거 비용이 들어가며, 넓은 경작지를 필요로 한다[4]. 동물에서 얻었던 향기 물질의 경우에는 위생적 문제를 비롯한 법적 윤리적 문제도 존재하였는데, 화학 합성 기술은 이런 문제들을 해결하여 주었다. 또한, 화학 합성 기술은 균일한 품질과 순도 및 생산 가격 측면에서도 커다란 장점을 제공해 주었고, 날씨, 지진, 쓰나미, 가뭄 등의 자연적 요인뿐만 아니라, 전쟁이나 국제 정세 등의 사회적 요인으로 인한 천연 원료 수급의 불안정성도 해결해 주었다.

천연향 합성에서 한발 더 나아가 자연에서 존재하지 않는 향의 합성도 가능하게 되었다. 1921년에는 장미 향과 재스민 향의 조합에 추가로 인공 향을 더하여, 그 유명한 '샤넬 넘버 5'가 탄생하게 되었다. 세계적

그림 2.4 최초의 합성 향수 지키(왼쪽)와 세계인의 가장 많은 사랑을 받은 샤넬 넘버5(오른쪽)

으로 가장 유명한 이 기념비적 향은 향수 산업의 혁명을 일으켰고, 현재까지도 가장 많이 판매되는 향수 중의 하나이다.

감각적 접근

냄새를 일으키는 원인 물질에 대해 화학적 접근이 이루어지면서, 더욱이 냄새 물질을 화학적으로 합성할 수 있게 되면서, 이런 화학 물질이 어떤 과정을 통해 우리 뇌에서 '냄새 느낌'으로 인식되는가에 대한 의문을 풀기 위해 다양한 노력들이 함께 진행되었다. 이를 위한 생리학적 접근으로서 코로 들어온 냄새 물질들이 콧속에서 어느 경로를 통해 이동되어서 뇌의 어느 부위로 도달하는가에 대한 실험이 수행되었다. 또한, 화학적 물질로서의 냄새에 대한 관심과는 별개로, 그런 냄새 물질이 원

그림 2.5 물질적 본질로서의 냄새와 비물질적 본질로서의 냄새

인이 되어 생성되는 다양한 감각적 정신적 느낌에 대한 탐구도 이루어졌으며, 감각적 인식으로서의 '냄새 느낌'을 기술하려는 비물질적 본질 관점의 시도들이 이루어졌다(그림 2.5).

색, 소리, 맛 등은 냄새보다는 훨씬 더 과학적이며 체계적인 면모를 갖추어 갔으므로, 이들 체계를 모방하여 냄새에 적용하려는 노력이 진행되었다. 색의 경우에는 삼원색이 있어서 모든 색이 이 삼원색의 조합으로 생성된다. 따라서 삼원색에 해당하는 기본 냄새를 설정할 수만 있다면, 모든 냄새를 이들 냄새의 조합으로 기술할 수 있으면 좋겠다는 생각을 할 수 있다. 그런데 색깔의 경우에는 두 가지 색을 혼합하면 그 두 색의 중간 색깔이 생성되고, 둘 중 하나의 색이 더 진하게 섞이면 그 진한 색깔에 가까운 색을 나타내는데, 냄새의 경우에는 서로 다른 두 냄새 물질이 섞였을 때 그 중간의 '냄새 느낌'을 띄지만은 않는다는 사실이 연구자들을 난처하게 하였다.

이에 연구자들은 색의 체계와는 다른 것 같으니까 소리의 체계를 모방할 수 있지 않을까 하는 생각을 하게 되었다. 마치 서로 다른 음이 합해져서 화음을 만들어 내는 것 같은 체계를 냄새에도 적용할 수 있지 않을까 하는 생각을 하게 되었고, 헨닝Hans Henning은 여섯 개의 기본 '냄새 느낌'으로 이루어진 '냄새 프리즘'을 고안하게 된다(그림 2.6). 그가 설정한 여섯 가지 기본 '냄새 느낌'은 꽃 냄새, 과일 냄새, 썩은 냄새, 매운 냄새, 탄 냄새, 송진 냄새 등 여섯 가지이다[5]. 이 여섯 가지 기본 '냄새 느낌'은 그 후에 컨설팅 회사에 근무하는 화학공학 전공자인 크로커Ernest C. Crocker와 화학자인 헨더슨Lloyd F. Henderson에 의해 향기로운 냄새, 과일산 냄새, 탄 냄새, 동물 악취 등의 네 가지 '냄새 느낌'으로 보다 단순

그림 2.6 헨닝의 냄새 프리즘

화되기도 하였다. 그들은 냄새를 이 네 가지 종류로 나누고, 냄새의 강도를 0~8등급으로 설정하였다. 그 외에도 색상, 명도, 채도의 3가지 요소를 3차원 축으로 사용하여 색을 체계화한 먼셀Albert H. Munsell 색 체계를 모방하여 냄새를 더 세밀하게 체계화하려는 노력들이 시도되었다. 그러나 이러한 시도 중 어느 것도 그리 만족스러운 결과들을 얻지는 못하였다.

냄새의 분류는 냄새와 관련된 산업 분야에서도 시도되었다[6]. 1970년 맥주 냄새에 대한 분류를 위해 맥주 풍미 분류표가 개발되어 현재까지도 널리 사용되고 있으며, 1984년에는 와인 아로마 분류표가 개발되었다. 이들 분류표는 원형 다이어그램 형태로서 마치 다트 게임의 과녁판 모양을 하고 있어서 휠wheel이라는 용어를 사용하여, 맥주 풍미 휠, 와인 아로마 휠 등으로 불린다. 아로마 휠 내의 빈칸에는 냄새를 표현하는 다양한 단어를 표기하여 냄새를 최대한 분류하고 구별하려 하였다. 예를 들어, 와인 아로마 휠의 가장 중심에 위치한 환에는 과일 향, 허브 향, 견과 향, 캐러멜 향, 나무 향, 흙 향, 화학 물질 향, 산화성 향, 미생물 향, 꽃 향, 향신료 향 등으로 분류되어 있고, 과일 향은 다시 시트러스, 베리, 나무 과일, 열대 과일, 과일(건조, 조리된), 기타 등으로 분류되고, 시트러스 향은 다시 자몽, 레몬 등으로 세분된다(그림 2.7). 이외에도, 초콜릿, 시럽, 벌꿀, 치즈, 천연 향수 등에 대한 냄새 휠들이 개발되었으며, 심지어는 하수도 냄새 관리를 위한 하수 냄새 휠도 개발되어 사용되고 있다. 냄새를 분류하려는 시도와 함께 우리의 코는 얼마나 많은 종류의 냄새를 구별할 수 있는지에 대한 숫자에도 관심을 가지게 되었고, 종종 1만 가지 정도의 냄새를 구별할 수 있다고 이야기되지만, 과학적으로 정확

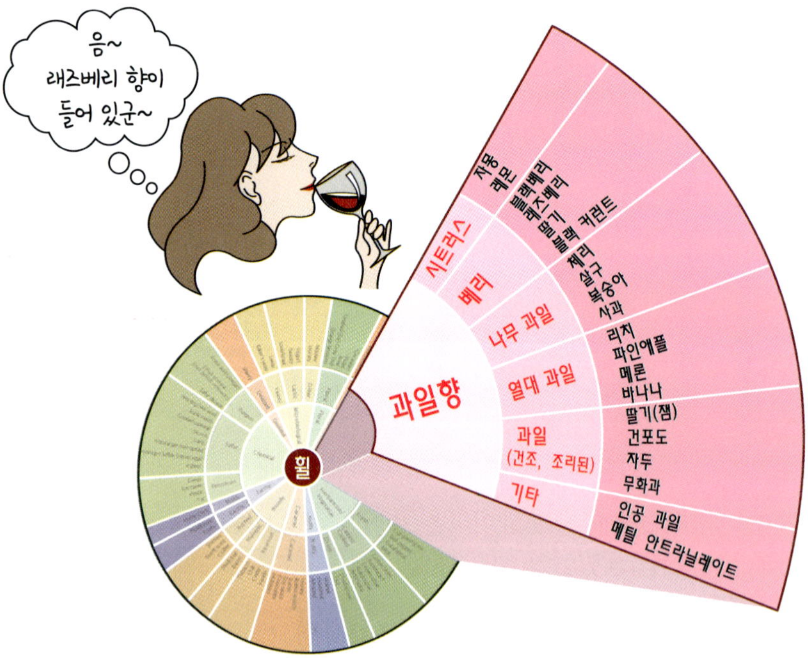

그림 2.7 와인 아로마 휠

한 근거가 있는 숫자는 아닌 것으로 여겨진다.

화학적 구조와 감각적 느낌 간의 관계

20세기에 접어들면서 냄새를 일으키는 화학 분자들이 어떤 경로를 통해 인간의 뇌에 작용하여 냄새를 느끼게 하는지에 대한 '냄새 물질'과 '냄새 느낌' 간의 상관관계 연구들이 앞다투어 진행되었으며, 수많은 가설들이 제안되었다. 이미 물리학적으로 훨씬 많은 이해가 이루어진 빛과 소리의 특성을 모방하여 냄새를 설명하려는 시도들이 많이 이루어졌고, 냄새에 대한 '진동 이론'이 등장하면서 진동 이론과 관련된 가설들도 매우 다양한 내용으로 주장되었다. 냄새 분자의 진동이 후각 세포의 진동을 유발하여 뇌가 냄새를 느끼게 된다는 가설이 있었고, 냄새 분자의 화학적 활성이 후각 세포의 진동을 유발하여 냄새를 느끼게 한다는 가설도 제시되었다. 또한, 냄새 물질이 멀리 떨어져 있을지라도 후각 신경과 공명을 일으켜 냄새를 느끼게 한다는 가설, 냄새 분자의 무게와 운동량에 따라 후각 세포에 각각 다른 진동을 제공하여 다양한 냄새를 느끼게 한다는 가설 등도 제시되었다. 진동 이론 이외에도 흡착, 흡수, 표면장력, 효소 반응 등 그 시대에 알고 있던 물리학적·화학적 특성과 이론이 총동원되어 냄새를 느끼는 메커니즘을 설명하려는 각양각색의 다양한 가설들이 제시되었으나, 그 어느 것 하나도 완벽해 보이는 것은 없었다. 1990년대에 들어서는 투린Luca Turin에 의해 냄새 분자와 후각 수용체 간의 결합이 고려된 진동 이론으로 발전하였다. 냄새 분자가 후각 수용체와 결합하여 신호를 보내는 것은 그 근원이 화학적 구조에 의한 것이 아니라 냄새 분자가 후각 수용체에 결합한 후에 발생하는 냄새 분자의 진동에 의한 것이라는 주장이었다[7]. 이 이론은 그 후에 다른 과학자들에 의해 이론적 타당성에 대한 지지도 있었지만[8], 결국 이에 대한 실험적 증거는 발견되지 못하였다.

화학자들에 의한 가장 정교한 과학적 접근으로서, '냄새 물질'의 화학적 구조와 '냄새 느낌' 간의 관계인 '구조-냄새 법칙structure-odor rule, SOR'을 찾아내려는 노력들이 전개되었다[9]. 이 중에서 가장 주목을 받은 것은 냄새 물질과 후각 수용체의 결합은 자물쇠-열쇠lock-and-key 방식의 형태적 일치로 신호가 전달될 것이라는 접근이었다. 1950년대 말과 1960년대 초에 영국의 생화학자인 아무레John E. Amoore는 자물쇠-열쇠 모델을 후각에 도입하였다. 그는 시각에 삼원색(빨강, 파랑, 녹색)이 있듯이 후각에도 기본이 되는 냄새들이 존재할 것이라는 생각을 하였다. 이런 기본 냄새를 찾아내는 방법으로서 냄새를 표현하는 수백 개의 단어들을 조사하였고, 이 중에서 가장 자주 사용되는 대표적인 냄새 단어들을 선별하였다. 각각의 대표 냄새의 카테고리에 속하는 냄새 물질들의 화학적 구조를 비교하여 카테고리별 구조적 유사성과 특징을 찾으려 하였다. 그 후에는 특정 냄새에 대해서만 후각을 상실한 사람들을 활용하는 방법을 채택하였다. 이들이 못 맡는 냄새가 기본 냄새일 것이라는 가설을 설정하였다. 이런 접근 방법을 통해 빛의 삼원색에 해당하는 기본 냄새 물질들을 5개에서 8개 정도 제시하기도 하였다. 또한, 이들 기본 냄새 물질과 결합하는 특정 후각 수용체들이 우리 콧속에 존재할 것으로 생각하였다. 냄새 물질과 후각 수용체와 결합은 자물쇠-열쇠 방식의 구조적 일치로 이루어질 것으로 생각하였다. 이와 같은 접근 방식은 그 시대의 많은 과학자들로부터 호응을 받았고, '냄새 물질'의 화학적 구조와 '냄새 느낌' 간의 관계를 찾아내려는 여러 화학자들의 후속 연구들이 수행되었다.

냄새 분자의 화학적 구조와 그 냄새 느낌 간의 상관관계를 찾을 수 있다면, 냄새를 과학적으로 정립할 수 있는 좋은 방법이 될 것이다. 이를 위해 화학자들의 많은 노력이 있었으나 결코 쉬운 일이 아니었다. 우리가 일상에서 맡는 냄새 대부분은 단일 분자가 아니라 여러 가지 다양한 분자들이 섞여 있다는 문제가 있다. 장미꽃 향기를 맡으면 우리 뇌는 장미 향으로 느끼는데, 우리가 맡는 장미 향에 들어 있는 냄새 분자가 한 종류가 아니라 여러 가지 분자가 섞여 있다는 게 문제를 복잡하게 만든다. 이런 복잡한 경우를 차지하고, 단일 종류의 분자에 대한 경우에라도 분자 구조와 냄새 느낌 간의 상관관계를 찾을 수 있으면 좋겠지만, 이것조차도 만만한 일이 아니었다. 단일 물질의 순도가 아무리 높더라도 매우 낮은 농도의 불순물이 들어 있을 수밖에 없는 경우가 종종 있는데, 이런 매우 낮은 농도의 불순물이 냄새를 완전히 다르게 변화시키는 경우가 발생하기도 한다. 왼손에 끼는 장갑이 오른손에 잘 들어가지 않는 것을 보면, 왼손과 오른손은 그 모양이 다르다는 것을 알 수 있다. 왼손을 회전하더라도 오른손과 겹쳐지지는 않는다. 오른손과 왼손같이 서로 거울 대칭인 두 분자를 '광하이성질체'라고 하는데, 광학이성질체의 경우에는 오른손 분자의 순도가 심지어 99.9%이더라도 0.1%의 왼손 분자에 의해 냄새가 바뀌기도 한다.

이런 어려움에도 불구하고 단일 물질의 화학적 구조와 냄새 느낌 간의 관계 정립을 위해 화학자들은 많은 노력을 해왔는데, 이들을 자못 실망시키는 결과들도 종종 발견되었다. 매우 유사한 화학구조를 가진 물질들이 사뭇 다른 냄새를 내는가 하는 반면, 매우 다른 분자 구조를 가진 물질 중에서 거의 같은 냄새를 내는 경우도 있었다. 화학적 반응을 통해 분자 구조를 조금 변화시켜도 매우 다른 냄새로 변하는 경우도 있고, 구조를 많이 변화시켜도 냄새는 거의 변하지 않는 경우도 있었다. 어려운 점은 이뿐만이 아니었다. 한 가지 종류의 동일한 냄새 물질에 대해서도 사람마다 그 냄새에 대한 표현이 제각각이었다. 표현하는 용어의 선택이 제각각으로 다른 면도 있지만, 실제로 사람에 따라 느끼는 냄새의 느낌이 주관적이라는 것이다. 또한, 동일한 냄새 물질에 대해 맡을 수 있는 최소 농도가 사람마다 차이가 나는 점도 있었다. 동일한 냄새에 대해서도 어떤 사람은 매우 낮은 농도에서 그 냄새를 민감하게 느끼는 반면, 다른 사람은 그것보다 한참 높은 농도가 되어야 느낄 수 있는 둔감함을 보이기도 하였다. 이와 같은 사람들 간의 차이 문제를 해결하려는 노력으로 통계적 처리 방법이 동원되기도 하였다.

이와 같이 많은 문제점이 있음에도 불구하고 냄새의 특성이 어느 정도는 그 냄새 분자의 물리적 화학적 특성과 상관이 있으며, 이런 연구들을 통해 얻은 결과들도 있었다. 에스터기와 과일 냄새 간의 경우에서와 같이, 어떤 냄새의 경우에는 화학구조의 작용기가 중요한 역할을 하는 경우도 있고, 반면에 어떤 냄새에 대해서는 분자의 전체 모양이 중요한 경우도 있었다. 두 개의 화학 분자에 있어서 구성하는 원소의 성분이 서로 동일하여 둘 사이의 분자식은 같지만 3차원 구조가 다른 경우를 입체이성질체라고 부르는데, 이 경우에는 냄새의 특성이 매우 다양하게 나타나서 일률적인 결론을 도출하기가 매우 어려웠다. 둘 사이에 비슷한 냄새를 내는 경우도 있었고, 매우 다른 냄새를 내는 경우도 있었으며, 냄새는 비슷하지만 세기가 다른 경우도 있었다. 이렇듯 화학자들이 알고 있는 지식들을 동원하여 냄새의 특성을 이해하려고 많은 노력을 경주하였지만, 냄새 분자의 화학적 구조와 그 냄새 느낌 간의 상관관계를 찾으려는 데 찬물을 끼얹는 매우 결정적인 문제가 발견되었다. 100% 순수한 단일 종류의 물질인 경우에도 농도에 따라서 냄새가 달라지는 예들이 나타난 것이다. '인돌indole'이라는 이름을 가진 분자의 경우에는 농도가 낮으면 은은한 재스민 꽃향기가 나는데, 농도가 점점 높아짐에 따라서 악취로 변하게 된다. 동일한 분자 구조를 단일 물질이 농도에 따라서 다른 냄새를 낸다는 것은 이런 경우에 대해서는 화학적 분자 구조로는 냄새를 설명할 수 없다는 것을 의미한다.

36년간을 향 산업에 종사한 다국적 향료 회사인 지보단Givaudan에서 은퇴하기까지 평생을 화학자로서 향 연구에 몰두해 온 셀Charles S. Sell은 자신이 저술한 책에서 다음과 같이 고백하고 있다[10]. 자신을 포함한 몇 명의 경력 있는 향 화학자가 '구조-냄새 관계'에 기반한 모델이 얼마나 신빙성이 있는지를 테스트해 보았는데, 경험이 풍부한 향 화학자의 코는 70~80%의 정확도로 냄새를 알아맞히는 반면, 이 이론적 모델은 거의 무작위적인 결과를 보여 주었다. 이렇듯 냄새 분자의 화학적 구조와 그 냄새 느낌 간의 상관관계를 찾으려는 노력들은 매우 실망스러운 결과를 안겨 주었지만, 이런 연구를 통해 개발된 모델과 테크닉들은 새로운 향을 디자인하는 용도로는 매우 유용하게 사용되고 있다.

생물학적 접근과 노벨상

1980년대에 접어들면서 후각에 대한 생물학적 접근이 도입되기 시작하였다. 시각 기관은 빛을 전기 신호로 바꿔서 뇌에 전달하고, 청각 기관은 소리를 전기 신호로 바꿔서 뇌에 전달하듯이 후각 기관은 냄새 분자를 전기 신호로 바꿔서 뇌에 전달할 것이라는 생각을 하게 되었다. 시신경과 청신경에서 외부 자극(빛, 소리)을 전기 신호로 바꾸는 과정들에 관여하는 세포 내 생화학 반응들과 유사한 것들이 후각 신경에서도 관찰되었다. 이를 통해 후각 신경에서의 신호 전달도 다른 감각세포에서의 신호 전달과 유사한 과정으로 일어날 것이라는 확신을 하게 되었다. 즉, 신경 세포막에 있는 수용체가 역할을 할 것이라는 결론에 도달한 것이다. 그리하여 후각 수용체를 찾으려는 연구가 생물학 분야에서 가장 뜨거운 연구 주제 중의 하나로 떠오르게 되었으며 연구자들 간의 치열한 경쟁이 시작되었다. 이 과정에서 린다 벅Linda Buck과 리처드 액셀Richard Axel의 연구가 후각 수용체의 비밀을 밝히는 데 커다란 기여를 하게 되고, 이 두 과학자는 냄새 맡는 메커니즘을 밝힌 공로로 2004년 노벨상의 영예를 안게 되었다(그림 2.8).

린다 벅은 컬럼비아대학교 액셀 교수 연구실의 박사 후 연구원으로 연구를 하면서 후각 수용체 유전자를 발견하는 데 큰 역할을 하였다. 그녀의 연구는 후각 수용체가 인체에서 가장 커다란 유전자 집단을 점하고 있는 GPCRG-Protein-Coupled Receptor의 일종이라는 전제에서 시작되었다. GPCR은 그 명칭에도 나타나 있듯이 G-단백질과 결합되어 있는 수용체이며, 전 세계적으로 판매되고 있는 의약품 중 1/3~1/2이 GPCR과

그림 2.8 후각 메커니즘을 밝힌 공로로 2004년 노벨상을 받은 리처드 액셀(왼쪽)과 린다 벅(오른쪽)

의 결합을 통해 약효를 나타내고 있을 정도로 GPCR은 우리 몸에서 매우 중요한 역할을 하고 있는 수용체 집단이다. 이미 잘 알려진 GPCR의 유전자 특징을 이용하여 인간 DNA에 이미 기록되어 있는 정보 중에서 후각 수용체 정보를 찾는 실험을 수행하였다. 이를 위해 린다 벅은 그 무렵에 새로 개발된 유전자 증폭 기술인 '중합효소 연쇄반응Polymerase Chain Reaction, PCR' 기술을 본인의 목적에 맞게 창의적으로 변형시켜 사용하였다. PCR 기술은 1993년 노벨 화학상을 받은 기술이고, 현재는 코로나 검사에도 활용되고 있는 유전자 증폭 기술이다. 린다 벅은 이 실험을 통해 후각 수용체 유전자로 추정되는 1,000개 정도의 유전자를 찾아내었다. 후각 수용체의 발견은 냄새 인지 경로를 밝히기 위한 연구에 새로운 장을 활짝 열어 주었다. 이 1,000개의 유전자 중에 약 400개 유전자만이 실제로 후각 수용체를 만들고, 나머지는 비활성인 상태로 존재한다는 것이 후에 밝혀졌다.

냄새 분자라는 물질적 정보를 뇌가 인식하는 데 있어서 중간에 후각

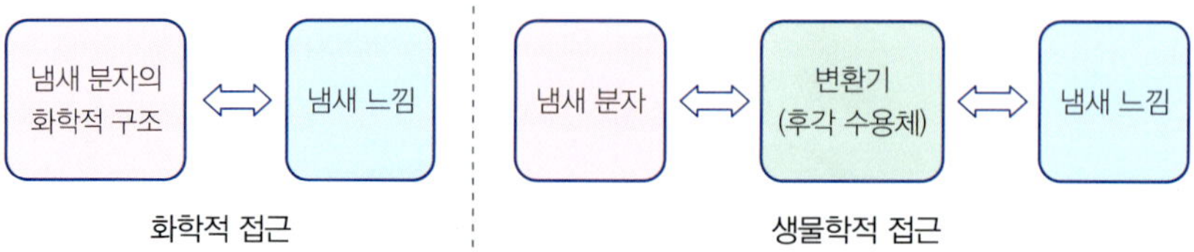

그림 2.9 냄새에 대한 화학적 접근과 생물학적 접근

수용체라는 소자들을 가지고 있는 변환 장치가 존재한다는 사실을 발견한 것은 실로 매우 중요한 일이다. 과거의 화학적 접근은 냄새 분자의 화학적 구조 특성을 파악하고 이를 냄새 느낌과의 관계를 정립하려는 것이었고, 이는 냄새 분자와 뇌의 인식 사이에 직접적인 관계를 찾아내려는 노력이었다(그림 2.9). 그런데 이런 노력은 이들 사이에 변환기라는 장치가 존재한다는 사실을 모르고 진행하였기 때문에 성공적인 결과를 얻을 수 없었다. 이제 냄새 물질과 냄새 느낌 사이에 존재하는 변환기의 발견을 통해 냄새의 정체를 이해하는 데에 새로운 장이 활짝 열리게 되었다. 화학 분자 구조라는 도구를 사용하여 냄새 분자와 냄새 느낌 간의 직접적 관계를 정립하려는 시도가 화학적 접근이었다면, 냄새 분자와 냄새 느낌 간에 생물학적 변환기(후각 수용체)의 존재를 도입한 것이 생물학적 접근이다. 이 변환 장치의 역할에 대해 다음 장에서 더 자세히 알아보기로 하자.

3장

냄새란 무엇인가?

아~ 향기롭다~
냄새란 무엇일까?

우리는 앞장에서 고대 그리스 철학자에서부터 현대 분자생물학자에 이르기까지 지난 수천 년간 인간이 냄새를 이해하려는 노력에 대해 살펴보았다. 이와 같은 노력에 기반하여, 냄새를 일으키는 원인 물질은 휘발성의 작은 화학 분자라는 것을 이제 우리는 알고 있다. 그러나 냄새가 이런 화학 분자로써 정의할 수 없다는 것도 앞에서 살펴보았다. 냄새의 원인 물질인 화학 분자들이 우리의 콧속으로 들어와서 후각 기관과 반응하여 후각 전기 신호를 발생시키고, 이 전기 신호가 뇌로 전달되어 우리는 비로소 냄새를 인지한다. 즉, 최초의 원인 물질인 화학 분자들이 원인 정보를 제공하지만, 정작 뇌가 최종적으로 냄새를 느끼기 위해서는 그 정보가 변환되고, 변환된 정보가 또다시 우리 뇌 속에 이미 가지고 있는 경험, 감정 등의 정보와 합류하여 복합적인 최종 정보를 만들어 내는 것이다.

이와 같은 과정을 통해 뇌에서 최종적으로 인지되는 냄새의 정체에 대해 알아보기로 하자.

냄새에 대한 외부 정보와 내부 정보

우리가 주목해야 할 것은 냄새에 대한 최종 정보를 구성하는 인자는 크게 나누어 외부 정보와 내부 정보의 두 가지 인자이다. 즉, 냄새 원인 물질인 화학적 분자로서의 외부 정보와 이미 뇌 속에 가지고 있는 경험, 감정 등의 내부 정보가 그것이다. 냄새의 경우는 이 내부 정보가 다른 감각에 비해 상당히 중요하게 작용한다. 최종 냄새를 판단하는 데 있어서 코를 통해 받아들인 외부 정보를 이미 뇌 속에 가지고 있는 내부 정보에 비추어 판단하기 때문이다. 시각의 경우에는 생전 처음 보는 색깔이어도 다른 사람에게 그 색깔을 말로 표현할 때 어느 정도 객관적으로 말해줄 수 있지만, 냄새의 경우에는 전적으로 자기의 경험과 주관에 의해 느끼고 표현한다는 것을 다음의 예에서 엿볼 수 있다.

꽤 오래전 미국에서 연구년을 보내고 있을 적의 이야기이다. 미국을 처음으로 방문하는 지인을 공항에서 픽업하여 집으로 가는 중이었다. 고속도로를 운전해 가는 중에 멀리서 스컹크 냄새가 났다. 매우 멀리 떨어진 곳에서 나는 것 같은 매우 약한 냄새였지만, 미국에서는 스컹크가 차여 치여 냄새를 피우는 일은 종종 있는 일이기 때문에 나는 그것이 스컹크 냄새임을 금방 알 수 있었다. 그런데 스컹크 냄새를 처음 맡는 지인은 "어디서 콩나물 무치는 냄새가 나네요."라고 하였다. 그 말을 듣고 보니 멀리서 풍겨오는 그 옅은 냄새는 마치 콩나물 무치는 냄새처럼 느껴졌다. 같은 냄새를 맡고도 뇌가 이를 인지하는 것은 자신의 뇌 속에 가지고 있는 데이터베이스에 의존하여 판단한 예를 보여 주고 있다.

또 다른 예로서 미국 유학 시절에 식료품점에서 민트라는 식물을 생전 처음으로 보고 냄새를 맡아본 기억이 있다. 생전 처음 보는 그 잎사귀에서 신기하게도 치약 냄새가 났다. 민트 냄새의 근원은 민트라는 식물의 냄새임에도 불구하고, 나는 민트 냄새를 치약이나 껌에서만 맡아 보았기 때문에 식물의 잎사귀에서 치약 냄새가 난다는 것이 참 신기하였다. 민트 잎사귀의 냄새나 치약의 냄새는 물질적으로 동일한 향이지만, 민트라는 식물을 본 적이 없는 나로서는 뇌에 저장되어 있는 경험적 정보를 통해 치약 냄새라고 판단한 것이다. 민트 식물의 냄새를 맡아 본 적이 있는 사람은 민트 이파리의 냄새를 맡고 자신의 과거 기억에 따라 이 냄새를 민트 식물의 냄새로 판단을 한다. 반면, 나와 같이 민트 식물의 냄새를 한 번도 맡아 본 적이 없고 단지 그 냄새를 치약에서만 맡아 본 사람은 이 냄새를 치약 냄새로 판단한다(그림 3.1).

이렇듯 냄새에 대해 최종적 판단을 하는 것에 있어서 뇌 속의 내부 정보가 중요한 역할을 하고 있고, 이는 개인의 경험, 기억, 기대감, 상황 등이 반영된 주관적 정보이다. 반면에 외부에서 코를 통해 받아들여지는 정보는 그 냄새에 대한 객관적 정보이다. 대부분의 사람들에게 보편적으로 익숙한 냄새인 커피 냄새는 사람들의 뇌에 동일한 내부 정보가 입력되어 있으므로 대부분의 사람들에게 공통으로 커피 냄새라고 느껴

그림 3.1 외부 정보와 내부 정보. 두 사람 모두 식물의 잎사귀에서 나오는 동일한 냄새(외부 정보)를 맡고 있지만, 민트 식물의 냄새를 맡아본 경험(내부 정보)이 있는 린네는 이를 민트 식물의 냄새로 판단하고, 오직 치약을 통해서만 이 냄새를 맡아본 경험(내부 정보)이 있는 필자는 치약 냄새로 판단한다.

지며, 이는 사람에 따라 크게 다르게 느껴지지는 않을 것이다. 내부 정보는 뇌 속의 신경망을 통해 이루어지는 상당히 복잡한 과정으로서 이에 대해 현재까지 우리가 이해하고 있는 지식은 매우 제한적인 상황이다. 그러나 코를 통해 받아들여지는 외부 정보에 대한 이해는 후각 수용체의 존재가 밝혀진 이래 많은 진전이 있었다. 냄새에 대한 외부 정보가 형성되는 과정과 원리에 대해 살펴보기로 하자.

냄새에 대한 외부 정보의 실체

냄새의 원인 물질이 화학 분자임에도 불구하고 냄새를 화학 분자로 정의할 수 없다는 이야기를 하였다. 그 이유는 냄새의 원인 물질인 화학 분자들이 콧속으로 유입된 후에 뇌가 인지할 수 있는 형태로 변환이 일어나기 때문이다. 예를 들어, 통역기가 존재한다고 생각해 보자. 내가 이야기하는 한국말을 한국어를 모르는 미국 사람이 알아들을 수는 없지만, 중간에 통역기를 통하면 알아들을 수 있게 변환된다. 한국어가 통역기를 통해 영어로 변환되어야 비로소 미국 사람이 알아들을 수 있게 되는 것과 같이, 화학 분자 정보가 변환기를 통해 변환되는 과정이 있다는 것을 알게 되었다. 이 변환 과정에서 후각 수용체가 중요한 역할을 한다는 것도 알았다.

콧속으로 들어온 냄새 분자들은 콧속 공간의 천장에 자리 잡고 있는 후각 상피 조직으로 이동해 간다. 후각 상피 조직에는 후각 수용체들이 점점이 박혀 있다. 후각 수용체는 약 400종류가 존재하는데, 냄새 분자들은 이 후각 수용체들과 결합한다. 만약에 한 종류의 후각 수용체가 한 종류의 특정 냄새 분자하고만 특이적으로 결합을 한다면, 우리 코는 고작해야 400종류의 냄새 분자만을 구별할 수 있을 것이다. 바이오 분자의 독특한 성질은 소위 자물쇠-열쇠 모델로 대변되는 특이성이다. 특정 자물쇠는 특정 열쇠하고만 딱 들어맞지 조금이라도 다른 열쇠와는 맞지 않는다. 대표적인 바이오 분자인 효소가 바로 그 대표적인 예이다. 핏속의 포도당 농도인 혈당치를 측정할 때 사용하는 것이 바로 이런 효소의 일종인 '포도당 산화효소'인데, 이 효소는 포도당하고만 산화 반응을 일으키지 포도당과 매우 유사한 분자이더라도 다른 분자와는 전혀 반응하지 않는다는 특성이 있다. 그러므로 혈액 속에 수많은 다른 종류의 물질들이 존재하더라도 포도당하고만 특이적으로 반응하므로 포도당만의 농도를 측정할 수 있는 원리이다.

그런데 후각 수용체는 이와 같은 1:1 특이성을 가지지는 않을 것으로 생각되었다. 왜냐하면 우리의 코는 400개의 후각 수용체를 사용하여 어마어마하게 많은 종류의 냄새를 구별하고 있기 때문이다. 이것이 가능해지려면, 각 후각 수용체는 한 종류의 특정 냄새 분자하고만 결합하는 특이성을 가지고 있어서는 안 되겠다는 결론에 이르게 되었다. 그리하여 한 종류의 후각 수용체 일지라도 여러 종류의 냄새 분자와도 결합할 수 있고, 역으로 한 종류의 냄새 분자일지라도 여러 종류의 후각 수용체와 결합할 수 있다는 개념을 도입하게 되었다. 이 개념은 냄새 분자들이 400종류의 후각 수용체와 결합하여 조합 패턴을 만들어 낸다는 개념을 만들어 내게 되었다. 결론적으로 냄새 분자의 정체성은 그것들이 400종류의 후각 수용체와 결합하며 만들어 내는 조합 패턴이라고 정리될 수

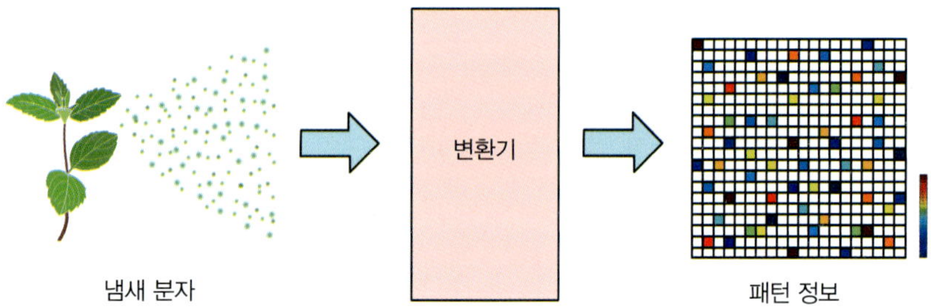

그림 3.2 냄새 정보 변환기. 냄새 물질이 가지고 있는 화학 분자로서의 정보가 변환 장치에 의해 패턴 정보로 변환되어 뇌로 전달된다.

있다. 그 조합 패턴은 마치 냄새 분자가 후각 수용체와 합작하여 만들어 낸 QR 코드인 셈이다. 냄새 물질의 화학 분자 정보가 후각 수용체라는 변환기를 통해 QR 코드 같은 패턴 정보로 변환되는 것이다(그림 3.2). 이 패턴 정보가 바로 뇌로 전달되는 외부 정보이다.

냄새에 대한 패턴 정보의 형성

냄새 분자가 후각 수용체들과 결합하여 생성된 패턴은 한 차례 더 깔끔하게 정리가 되는 과정을 거친다. 후각 수용체의 종류는 400종류이지만 그 전체 개수는 천만 개 정도로 추정되는데, 이는 마치 바닷가의 모래알처럼 어마어마하게 많은 수의 후각 수용체가 후각 상피 조직의 표면에 존재한다는 것을 나타낸다. 그런데 이렇게 많은 모래알들이 종류에 따라 모여 있거나 구획 별로 정리가 되어 있는 상태가 아니라 무작위적으로 흩어져 있다. 실험동물의 경우에 구획이 어느 정도 나뉘어 있다는 연구들이 보고되었지만, 인간의 경우에는 그런 구획들이 발견되지는 않았다. 예를 들어, 빨간 모래알, 파란 모래알, 초록 모래알 등 400가지의 다른 색을 가지고 있는 색색의 모래알들이 무작위적으로 섞여서 바닷가에 흩어져 있는 모습을 상상해 보자. 이 각각의 모래알이 후각 수용체이고, 그것보다 훨씬 작은 냄새 분자가 이들 수용체와 결합하며 만들어 내는 패턴을 파악하기란 너무나도 엄두가 안 나는 일이다.

우리의 후각 기관에서는 이를 좀 더 깔끔하게 정리하는 작업이 발생한다. 같은 색깔의 모래알에서 발생된 정보는 모두 한군데로 모이는 놀라운 과정이 존재한다(그림 3.3). 예를 들어, 냄새 분자가 바닷가(후각 상피 조직)의 빨간 모래알(후각 수용체)과 결합하면 빨간 전기 신호가 발생하고, 이 빨간 전기 신호는 빨간 전깃줄(후각 신경)을 타고 뇌 속으로 진

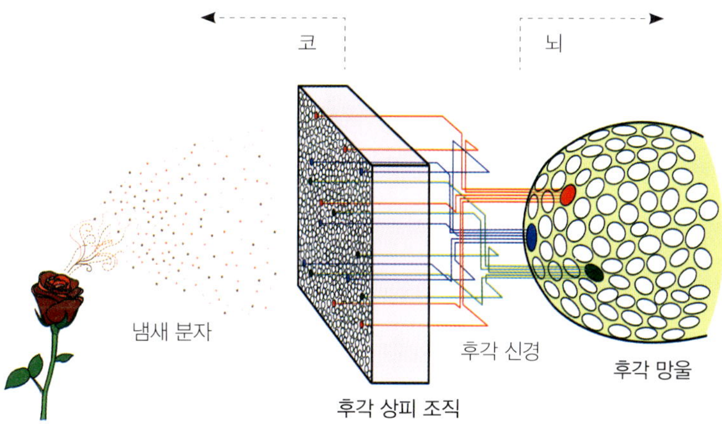

그림 3.3 패턴 정보의 생성 과정. 화학 분자들이 후각 수용체와 결합하여 조합을 이루고, 이 조합 정보가 후각 신경을 타고 뇌로 전달되어 후각 망울 속에 있는 사구체를 활성화시킴으로써 조합 패턴을 형성한다. 후각 상피 조직 표면의 작은 동그라미들은 후각 수용체를 나타내고, 후각 망울 속의 동그란 알갱이들은 사구체를 나타낸다.

입하여, 뇌의 후각 망울에 존재하는 빨간 LED 전구(사구체)에 불을 켠다. 빨간 모래알들은 모두 빨간 전깃줄에 연결되어 빨간 LED 전구에 모이고, 파란 모래알들은 모두 파란 전깃줄에 연결되어 파란 LED 전구에 모이는 것이다. 마찬가지로 모두 같은 색깔의 모래알들은 각각 동일한 색깔의 LED 전구에 모인다. 이와 같은 과정을 통해 후각 상피 조직에 흩어져 있는 모래알 같은 패턴 정보가 뇌 속의 후각 망울에서 LED 전구의 패턴 정보로 깔끔하게 정리되는 과정을 거친다. 이렇게 생성된 패턴 정보가 바로 코를 통해 얻어지는 냄새의 외부 정보인 것이다. 이 외부 정보는 다시 뇌의 더 깊숙한 부분으로 전달되고, 뇌에서 생성된 내부 정보와 결합되어 최종적으로 뇌가 냄새를 인지하게 된다.

냄새는 왜 언어로 표현하기 어려운가?

내가 지금 맡는 냄새에 대해 전화 통화를 하는 친구에게 말로 설명하기는 쉽지 않다. 장미꽃 냄새나 된장국 냄새 같은 서로가 잘 아는 사물의 냄새에 대해서는 그 대상 사물의 명칭을 사용하면 되지만, 상대방이 모르는 사물의 냄새에 대해서는 설명하기가 여간 힘들지 않다. 예를 들어, 청국장이란 음식에 대해 전혀 모르는 사람에게 전화로 청국장 냄새를 설명하기는 어려운 일이다. 냄새를 말로 표현할 때 그 냄새를 내는 사물의 명사를 빌어서 사용하는 것이 고작이다. 냄새를 언어로 표현할 수 있는 형용사 형태의 용어를 우리는 거의 가지고 있지 않다. 기껏해야 향기로운 냄새, 구수한 냄새 등 손에 꼽을 정도인데, 이마저도 무슨 냄새인지 명확하게 나타내고 있지는 못하다. 향기로운 냄새에도 무수히 많은 다른 냄새들이 존재하고, 구수한 냄새도 된장국 냄새 같은 건지 누룽지 냄새 같은 건지에 대해서 명확하지가 않다. 따라서 우리는 궁여지책으로 장미꽃 냄새, 오렌지 냄새 등 사물을 나타내는 명사를 빌어서 냄새를 표현하고 있다.

냄새를 언어로 표현하기 어려운 이유가 우리 뇌의 발달과 관련된 생물학적 이유인지, 혹은 냄새에 대해 커다란 신경을 쓰지 않고 살아온 문화적인 이유인지에 대한 논의가 있었다[1]. 전자와 관련해서는 뇌의 진화적 관점에서 설명하려는 시도가 있었다. 뇌에서 후각과 언어를 위한 신경전달 작업에 있어서 대뇌 피질의 자원을 공유하고 있는데, 언어에 대한 작업의 필요성이 증가하면서 후각의 기능이 상대적으로 축소되었다는 것이다. 그리하여 후각에 할당할 뇌의 자원이 축소되면서 냄새를 표현하는 언어도 발달하지 않았다는 주장인데, 그렇게 설득력이 있어 보이지는 않는다.

후자와 관련된 주장으로는 "제대로 된 언어를 사용한다면, 냄새는 언어로 표현될 수 있다."라는 제목의 논문이 발표되었는데, 이 논문에는 냄새에 대한 언어가 매우 풍부한 태국의 원주민 부족을 소개하고 있다[2]. 냄새를 중요시하는 사회적 관습과 문화로 인해 냄새에 대한 풍부한 언어가 발달하였다는 주장이다. 이 부족 사회에서는 다른 종류의 고기를 같은 불에 구워서는 안 되는 금기가 있다. 두 종류의 다른 고기를 구울 때는 각각의 고기 냄새가 서로 섞이지 않게 멀찌감치 떨어진 다른 불에서 구워야 한다. 한 종류의 고기 냄새가 다른 종류의 고기 냄새와 섞이면, 그들의 천둥 신이 하늘에서 그 냄새를 맡게 되는데, 이것은 나쁜 일로서 일어나서는 안 되는 사회적 금기로 여겨졌다. 질병을 일으키는 냄새들이 있고, 병을 치료하는 데 사용되는 냄새도 있다. 남매 사이에 가까이 붙어 앉으면, 둘 사이의 냄새가 섞여서 근친상간이 일어나니 가까이 앉아서는 안 된다. 이처럼 많은 규범과 관습이 냄새를 중심으로 이루어진 사회에서는 냄새에 대한 언어적 표현도 풍부하다는 것이다. 그러나 냄새를 표현하는 용어가 풍부하다고 해서 '냄새는 왜 언어로 표현하기 어려운가?'라는 의문이 충분히 해소되지는 않는다.

조향사 같은 냄새 전문가들은 일반인보다 훨씬 풍부한 냄새 용어를 가지고 있다. 그러나 전문가들이 사용하는 용어들을 보더라도 냄새 개별에 대한 용어가 아니라 비슷한 냄새 그룹에 대한 용어이다. 더욱이 전문가 그룹에 따라서도 사용하는 용어가 제각각이다. 와인 감식가가 사용하는 용어는 조향사가 사용하는 용어와는 물론 다르고, 맥주나 커피 전문가가 사용하는 용어와도 다르다. 이들 전문가가 사용하는 냄새 용어들도 자신들이 대상으로 하는 냄새 부류에 국한되어 있음을 알 수 있다. 따라서 '냄새는 왜 언어로 표현하기 어려운가?'라는 의문에 대한 답변을 용어의 빈약함만으로 돌리기에는 무리가 있어 보인다.

냄새를 언어로 표현하기가 어려운 이유와 관련하여 우리는 앞에서 기술한 바와 같이 냄새가 패턴 형태의 정보를 가지고 있다는 것에 주목할 필요가 있다. 냄새의 패턴 이미지를 인식하는 것은 마치 다른 사람의 얼굴을 인식하는 것과 유사하다[3]. 사람 얼굴을 인식한다는 것이 패턴을 인식하는 방법을 사용하기 때문이다. 여러 명이 함께 찍은 단체 사진에서 특정 인물을 찾아내는 것은 그리 어려운 일이 아니다. 예를 들어, 결혼식에서 찍은 단체 사진에서 막내 이모를 찾아보라고 하면, 그리 어렵지 않게 찾아낼 수 있다. 그런데 막내 이모의 얼굴 모습을 다른 사람에게 말로 설명하라고 하면, 이것은 쉬운 일이 아니다. 우리 뇌는 막내 이모 얼굴의 패턴 전체를 기억하고, 그 패턴이 나타내는 특징을 파악하고 있어서 다른 사람과 구별해 낼 수는 있지만, 이를 언어를 통해 표현하기는 어렵기 때문이다. 냄새도 그 정보가 패턴 형태로 뇌에 전해지기 때문에 냄새를 인지하고 구별할 수는 있지만, 이를 언어로 표현하는 데는 어려움을 겪을 수밖에 없다. 따라서 냄새의 정체성을 표현하기 위해서는 언어적 표현으로는 한계가 있고 패턴 이미지를 사용해야 할 수밖에 없을 것으로 생각된다. 마치 우리가 자신의 정체를 보여 주기 위해서 얼굴 사진이 붙은 신분증이나 손가락 지문 패턴을 보여 주는 방법과 같다.

콧구멍을 통하지 않고 맡는 냄새

우리는 모든 냄새를 숨을 들이쉴 때의 들숨을 통해서 맡는다고 흔히 생각할 수 있다. 그러나 냄새가 콧구멍을 통하지 않고 후각 기관으로 유입되는 또 하나의 통로가 존재한다. 장미꽃 향기를 맡는 과정을 생각해 보면, 향기 분자들은 숨을 들이쉼으로써 콧구멍을 통해 콧속으로 유입된다. 반면, 음식을 먹을 때 음식으로부터 느끼는 냄새는 그 유입 경로가 다르다. 입속이 음시물을 씹고 있을 때 발생하는 음식의 냄새는 입과 코가 연결된 통로를 따라 입안에서 콧속으로 유입되는 경로를 거치게 된다. 즉, 냄새가 콧속으로 유입되는 데 있어서 두 가지의 서로 다른 경로가 존재한다. 꽃향기의 경우와 같이 냄새 분자가 신체 외부로부터 콧속으로 유입되는 경로를 '정방향 경로'라 한다면, 음식을 먹을 때에는 냄새가 입안의 뒤쪽에서 콧속으로 연결된 통로를 통해 거꾸로 코로 유입되는 '역방향 경로'를 거치게 된다(그림 3.4). 따라서 냄새가 유입되는 통로에 따라 구분하면, '정방향 냄새'와 '역방향 냄새'로 구분할 수 있다. 음식의 맛은 혀를 통해 감지하지만, 음식의 섬세한 풍미는 입안에서 코로 전달되는 역방향 냄새가 큰 역할을 하며, 이는 후각이 담당하게 된다.

우리가 음식을 먹을 때 느끼는 감각을 흔히 '맛'이라고 하지만, 엄밀히 말해서 맛taste은 혀에 의해서 느껴지는 미각만을 의미한다. 음식을 먹을 때 느끼는 종합적인 감각을 '풍미flavor'라고 한다. 국제 표준을 정하는 기구인 '국제 표준 기구International Standards Organization, ISO'에서는 풍미를 음식을 섭취할 때 후각, 미각, 삼차신경 감각의 복합적 조합에 의

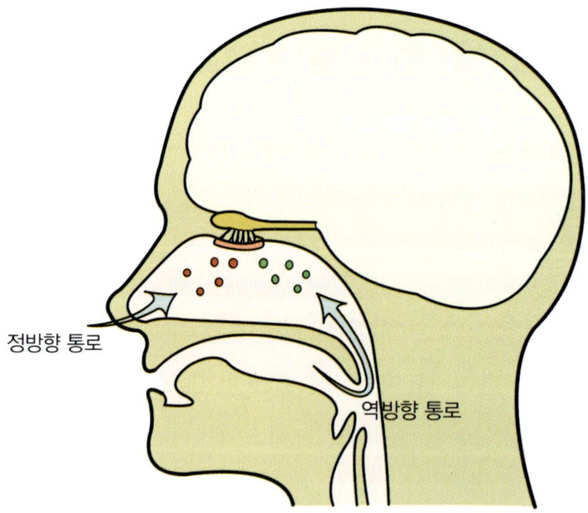

그림 3.4 냄새를 맡는 정방향 통로와 역방향 통로. 콧구멍을 통하여 맡는 냄새는 정방향 통로를 통해 후각 기관으로 전달되고, 음식을 먹을 때의 음식 냄새는 역방향 통로를 통해 후각 기관에 전달된다.

해 형성되는 느낌으로 기술하고 있다[4]. 여기서 삼차신경 감각은 촉각, 온도 감각, 통각 등을 의미한다. 이를 조금 단순화하여 표현하면, 풍미는 맛, 냄새, 촉감으로 구성된 감각이라고 할 수 있다. 즉, 음식을 먹거나 음료를 마실 때 느낌에 영향을 주는 주요 요소는 맛뿐만 아니라, 냄새와 식감이 포함된다는 것이고, 이 세 가지 요소 중에 우리는 지금 냄새에 대해 이야기를 하는 중이다. 음식의 풍미 중에 냄새가 차지하는 비중이 매우 크다는 것은 간단한 실험을 통해서도 알 수 있다. 손으로 코를 막은 다음에 사탕을 혀 위에 올려놓으면, 단맛은 느껴지지만 향은 느낄 수 없다. 오렌지 향 사탕인지 딸기향 사탕인지 구별할 수가 없는 것이다. 이제 코를 잡고 있던 손을 놓고 숨을 내쉬면 비로소 향이 확연히 느껴지는 것을 알 수 있다. 사탕이 아니더라도 식사 도중에 식탁에 있는 아무 음식을 가지고도 동일한 실험을 손쉽게 해 볼 수 있다. 후각 기관이 배제된 상태에서 혀로만 느끼는 맛이 얼마나 단조로운지를 쉽게 느낄 수 있을 것이다(그림 3.5). 음식을 먹을 때의 음식 냄새는 바로 입으로

그림 3.5 **후각이 배제된 상태의 맛.** 코를 막고 마시면 향을 느끼지 못하고 단지 혀에 의한 단맛만을 느끼므로 콜라와 사이다의 구별이 어렵다.

부터 '역방향 경로'를 통해 후각 기관에 도달하여 느껴지는 것이다.

이 역방향 통로를 통해 냄새를 맡는 일은 입과 코의 내부 구조상 다른 동물과 비교하여 유독 인간의 경우 잘 발달되어 있다. 심지어 냄새를 잘 맡는 동물로 알려진 마우스나 개는 냄새를 맡을 때 역방향 통로를 사용하지는 않는다고 단정하여 기술되기도 한다[5]. 인간의 경우에 다른 동물들과의 차이는 코 공간과 입 공간 사이를 나누는 뼈가 목 안 깊숙이 발달하지 않고 매우 짧아져 있어서 입속 공간의 공기가 날숨에 의해 콧속 공간으로 쉽게 이동할 수 있는 구조를 가지고 있다는 점이다(그림 3.4). 같은 냄새 분자를 코에 주입하였을 때 맡는 냄새와 입 공간의 뒤쪽에 주입하였을 때 맡는 냄새를 비교하는 실험을 통해 같은 냄새 분자일지라도 정방향 통로를 통해 맡는 냄새와 역방향 통로를 통해 맡는 냄새는 다르게 느껴진다는 사실이 밝혀졌으며[6, 7], 이런 차이는 일상생활에서도 느껴진다. 커피의 그윽한 향이 정작 마실 때는 그렇게 느껴지지는 않는다. 이런 차이는 음식을 먹을 때나 음료를 마실 때 입속과 폐로부터 올라오는 날숨 공기로 인해 온도와 습도가 변하는 데도 기인하고, 두 경우에 있어서 수많은 종류의 냄새 분자들이 후각 기관에 도달하는 순서에 차이가 나는 것에도 기인하는 것으로 여겨진다.

인간에 있어서 역방향 냄새는 조리법이 발전되면서 그 중요성이 더해졌다. 인간이 다양한 향신료를 찾아내면서 다양한 역방향 냄새를 즐길 수 있게 되었고, 불을 사용하여 조리함으로써 더욱 풍부한 역방향 냄새들을 만들어 낼 수 있게 되었다. 또한, 역방향 냄새를 풍부하게 한 음식으로서 발효 식품을 빼놓을 수 없다. 김치, 청국장, 치즈, 와인 등 셀 수 없이 많은 발효 식품들은 미생물 대사과정에서 생산된 다양한 종류의 휘발성 물질들을 역방향 냄새로 제공하며 우리의 식탁을 다채롭게 해준다.

냄새에 대한 적응과 습관화

냄새에 대한 적응을 우리는 일상생활에서 수시로 경험한다. 어떤 새로운 장소에 갔을 때 그곳에서 독특한 냄새가 난다는 것을 인지하더라도 동일한 환경에 조금만 있으면 더는 그런 냄새를 느끼지 못한다. 도서관에 들어서면 특유의 책 냄새가 난다는 것을 바로 느끼지만, 조금 후부터는 도서관에 머무르는 동안 그 냄새를 인지하지 못하게 된다. 자기가 맡는 냄새에 대해 이처럼 짧은 시간에 후각이 무뎌지는 현상을 '적응'이라고 한다. 반면에 오랜 시간에 걸쳐서 특정 냄새에 익숙해져서 그 냄새를 인지하지 못하는 경우도 있다. 자기가 사는 집에서 나는 냄새를 평상시에 인지하지 못하고 사는 것이 이런 예이다. 다른 사람의 집에 가면 느껴지는 냄새가 있지만, 퇴근하고 자기 집에 들어갈 때는 별다른 냄새가 있다고 느끼지 않는 것이다. 자신이 즐겨 사용하는 향수에 대해서는 점점 익숙해져서 처음에 그 향수를 사용하기 시작한 시절에 느꼈던 것만큼의 세기로 느껴지지 않는다. 그래서 혹시 향수 회사가 옛날보다 원액을 덜 넣어 제조하는 것은 아닌가 하는 의구심을 갖기도 한다. 이처럼 오랜 시간에 걸쳐서 익숙한 냄새를 잘 인지하지 못하게 되는 현상을 '습관화'라고 한다.

'후각에서는 왜 이런 적응과 습관화가 일어날까?'라는 의문에 대해서는 야생에서의 생존을 위해서 그렇게 진화하였다고 설명하기도 한다. 야생에서 생존하기 위해서는 먹잇감을 찾아야 하고 포식자로부터는 피해야 한다. 자연에는 무수히 많은 냄새가 존재하는데, 주위에 존재하고 있는 모든 냄새를 다 맡으면서 그중에서도 먹잇감의 냄새와 포식자의 냄새를 구별해 내는 것보다는 주위 환경의 백그라운드 냄새는 지워버리고 목표로 하는 냄새인 새로운 냄새를 더 민감하게 맡는 것이 훨씬 효율적이라는 해석이다.

적응은 같은 냄새를 계속 맡고 있으면 짧은 시간에 후각이 무뎌지는 현상으로, 이 현상에 대해 몇몇 종류의 메커니즘들 밝혀져 있다. 적응은 후각 신경세포, 후각 망울, 후각 피질 등 곳곳에서 일어나는 것으로 알려졌다. 분자 수준에서 일어나는 각각의 메커니즘에 대해는 너무 전문적인 내용이어서 여기서 이야기하는 것은 적절하지 않지만, 그중에서도 후각 피질에 속하는 조롱박 피질에서 일어나는 적응 현상이 가장 빨리 일어나는 것으로 알려졌다. 습관화는 같은 냄새에 오랫동안 노출됨으로써 얻어지는 일종의 학습에 의한 현상이다. 따라서 습관화가 일어나는 과정은 적응 과정보다 훨씬 복잡하고, 뇌의 여러 부위에 걸쳐서 일어나는 것으로 알려졌다.

4장

냄새는 어떻게 느끼나?

냄새는 어떻게
맡는 걸까?
콧속이 궁금하네.

냄새 분자가 콧속으로 들어와서 뇌가 이를 인지하기까지의 과정을 살펴보기로 하자(그림 4.1). 냄새 분자가 마치 동굴같이 컴컴한 콧속으로 유입되면, 이들 분자는 콧속 널따란 동굴 공간의 천장 부분에 있는 후각 상피 조직에 다다른다. 후각 상피 조직은 얇은 층의 점액질로 덮어 있으므로 냄새 분자는 이 점액질층을 통과하여 후각 상피 조직에 있는 후각 신경세포의 표면으로 이동하게 된다. 후각 신경세포의 말단에는 섬모가 나 있고 이 섬모들은 점액질층에 잠겨 있다. 섬모 표면에는 후각 수용체들이 박혀 있는데, 냄새 분자는 이들 후각 수용체와 결합을 하게 된다. 냄새 분자가 후각 수용체와 결합을 하면, 후각 신경세포에 전기 신호가 발생하고, 이 전기 신호는 길고 가느다란 전깃줄 같은 후각 신경을 통해 뇌로 전달된다. 이 전기 신호가 전달되는 뇌의 첫 부분은 '사구체'라고 불리는 부분이고, 이 사구체는 '후각 망울' 속에 있다. 후각 망울을 통과하여 나온 전기 신호는 '후각로'를 통해 뇌의 더 깊숙한 부분으로 전달되고, 결과적으로 뇌에 의해 냄새가 인지된다. 콧속으로 들어온 냄새 분자가 이와 같은 과정을 통해 뇌에서 인지되기까지의 과정을 살펴보자.

콧속으로 냄새 분자 유입

냄새가 후각 기관으로 유입되는 데는 두 가지 경로가 있음을 앞 장에서 언급한 바 있다. 들숨을 통해 콧속으로 유입되는 경로가 한 가지 경로이고, 음식을 먹을 때 입과 코가 연결된 통로를 따라 입안에서 콧속으

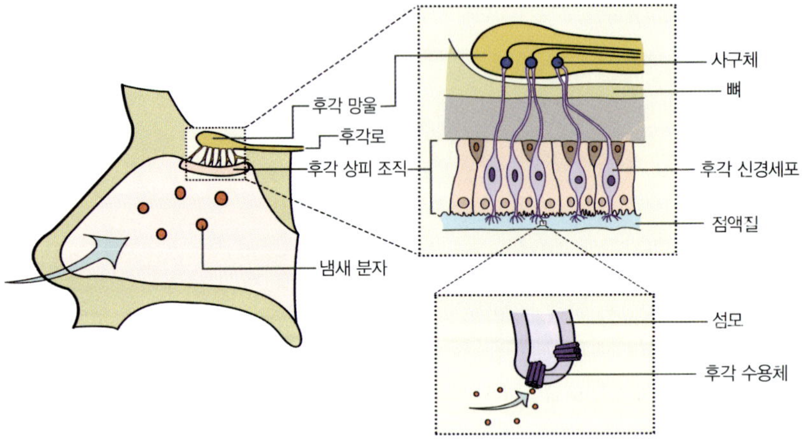

그림 4.1 인간의 후각 기관

로 유입되는 경로가 또 다른 경로이다. 이와 같은 두 가지 경로를 통해 냄새 분자는 우리의 콧속으로 유입된다. 냄새 분자가 우리 콧속으로 유입되어 후각 상피 조직에 다다르기 위해서는 당연히 휘발성 물질의 특성을 가져야 한다. 분자의 덩치가 큰 물질들은 휘발성을 가질 수 없으므로, 냄새 분자들은 대체로 300달톤 이하의 분자량을 갖는 작은 분자들이다. 휘발성을 지니기 위해서는 냄새 분자가 물에 녹는 정도를 나타내는 용해도도 중요한 인자이다. 용해도가 너무 높으면, 물에 매우 잘 녹으므로 쉽사리 수용액상을 탈출하여 기상으로 나오기가 어렵다. 그런데 반대로 용해도가 너무 낮아도 문제이다. 수용액 상태인 점액질에 싸인 후각 상피 조직에 다다르기 위해서는 점액질에 녹아 들어가서 점액질을 통과해야 하기 때문이다. 그래서 향 연구자들은 우리가 냄새를 맡을 수 있는 물질의 특성에 대한 연구를 통해 그 물질의 용해도, 증기압, 물/옥탄올 분배계수 등이 냄새를 맡게 할 수 있는 중요한 특성들임을 알아내었다. 냄새 분자들은 콧속 공간으로 유입되어 콧속 공간의 천장 부분에 자리 잡은 후각 상피 조직을 최종 목적지로 하여 이동하게 된다. 그런데 후각 상피 조직은 얇은 점액질층에 덮여있기 때문에 앞에서 언급한 바와 같이 냄새 분자들은 먼저 이 점액질층을 통과해야 한다.

냄새 분자의 점액질층 통과

후각 상피 조직을 덮고 있는 점액질층은 후각 상피 세포들에게 수분이 유지되는 환경을 제공해 주고, 외부에서 유입된 불순물들을 거르고 제거해 주는 역할을 한다. 이 점액질에는 당, 아미노산, 탄수화물, 단백질 등 다양한 성분이 포함되어 있다. 특히, 효소를 포함한 다양한 종류의 단백질들이 들어 있는데, 이 단백질들은 항미생물, 항염증, 항산화, 단백질 분해 저해, 수송 등의 다양한 역할을 하는 것으로 보고되었다[1]. 이처럼 다양한 기능의 성분들을 포함하고 있는 점액질은 뇌로 유입될 가능성이 있는 병원균이나 독성 물질을 차단해 주는 차단막 역할을 한다. 이 점액질에 잠겨 있는 후각 신경세포는 직접 뇌와 연결되어 있어서 자칫하면 병원균이나 독성 물질이 뇌로 잠입하는 통로가 될 수 있기 때문이다. 뇌는 '혈액-뇌 장벽'에 의해 혈관을 타고 감염될 수 있는 가능성으로부터 철저하게 보호되고 있는데, 뇌와 연결되어 있으면서도 외부 환경에 노출되어 있는 후각 신경세포가 혹시라도 이 장벽을 우회 통과하여 뇌로의 감염을 가능케 하는 통로가 되어서는 곤란할 일이다. 따라서 후각 신경세포를 덮고 있는 점액질층은 다양한 기능의 성분들을 함유하고 있음으로써 뇌로 진입할 수 있는 감염을 차단해 주는 역할을 하고 있다.

점액질에는 '냄새 결합 단백질'도 녹아 있다. 인간의 경우에는 오직 한 종류의 냄새 결합 단백질이 알려져 있지만, 곤충의 경우에는 다양한 종류의 냄새 결합 단백질이 존재하며, 각각의 냄새 결합 단백질은 다양한 냄새 분자들에 대해서 서로 다른 결합 친화력을 가지고 있다. 따라서 곤충의 경우에는 냄새 결합 단백질이 냄새를 인지하고 구별하는 데 매우 중요한 역할을 한다. 쥐를 포함한 설치류의 경우에도 곤충보다는 덜하지만 꽤 다양한 냄새 결합 단백질을 가지고 있으며, 냄새를 맡는 과정에서 중요한 역할을 하는 것으로 여겨지고 있다. 반면에 인간의 경우에는 오직 한 종류의 냄새 결합 단백질이 보고되었고, 이 냄새 결합 단백질은 다양한 냄새들에 대해서 특별한 차이를 보이지는 않으며 골고루 결합하는 것으로 알려졌다[2]. 또한, 냄새 결합 단백질이 없는 상태에서도 냄새 분자가 후각 수용체와 결합하는 데는 아무 문제가 없는 것으로 나타났다[3]. 따라서 인간의 경우에 있어서는 냄새 결합 단백질이 냄새를 구별하는 역할은 하지 않는 것으로 생각되며, 냄새 분자가 점액질층을 통과하여 후각 수용체로 이동하는 것을 돕는 것으로 여겨진다. 즉, 기상의 냄새 분자를 점액질이라는 액상에 녹아 들어가게 하고, 용해된 냄새 분자를 액체층에서 후각 상피 조직 부분으로 이동시켜서 후각 수용체와의 결합을 용이하게 하는 데 역할을 할 것으로 여겨진다.

이미 언급한 바와 같이 점액질에는 냄새 결합 단백질 이외에도 효소를 포함한 다양한 단백질들이 존재하며 대사 반응들이 진행된다. 이들 단백질들은 뇌로 유입될 가능성이 있는 병원균이나 독성 물질로부터 방어하는 역할을 할 뿐만 아니라, 냄새 신호를 뇌로 보내고 난 후에 남아 있는 냄새 분자를 재빨리 제거해 주는 역할도 하는 것으로 나타났다. 이는 냄새를 실시간 정보로 맡는 데 있어서 매우 중요하다. 이미 맡은 냄새 분자가 계속 점액질에 남아 있으면, 새로 들어오는 냄새 정보를 맡는 데 방해가 된다. 따라서 실시간 정보를 얻으려면 이미 받은 정보는 빨리 제거하고 새로운 정보를 받을 수 있도록 시스템을 리셋해야 한다. 예를 들어, 암컷 곤충이 풍겨 놓은 성페로몬의 자취를 따라가서 암컷이 있는 위치에 도달하기 위해서는 수컷 곤충에게 이와 같은 리셋 기능이 절대적으로 필요하다. 실제로 수컷의 후각 기관에 남아 있는 암컷의 성페로몬의 반감기는 매우 짧은 것으로 밝혀졌다. 점액질 내의 성페로몬을 제거하는 효소의 활성을 억제하는 물질을 수컷의 후각 기관에 주입하면, 점액질 내의 성페로몬이 바로바로 제거되지 않아서 암컷 페로몬의 자취를 추적하는 능력을 상실하게 되는 것으로 관찰되었다[4].

점액질에서 일어나는 또 다른 반응으로, 점액질에 녹아 들어온 냄새 분자가 효소 반응을 통해 다른 화학 분자로 변환되는 반응이 진행되기도 한다. 사람의 코에서도 이와 같은 반응이 일어나는 예가 보고되었다. A라는 특정 냄새 분자를 사람들에게 맡게 하고, 어떤 냄새가 나느냐는 질문을 하였더니 답변이 두 가지로 갈리었다. 어떤 사람들은 나무 냄새가 난다고 답변한 반면, 나머지 사람들은 산딸기 냄새가 난다고 답변하였다. 이런 원인에 대해 연구를 한 결과, 두 그룹 간의 차이는 점액질에서 반응을 일으키는 특정 효소의 유무 차이임이 밝혀졌다[5]. 산딸기 냄새가 난다고 답변한 사람들의 점액질에는 A를 B로 변환시키는 효소가 있는 반면에, 나무 냄새가 난다고 답변한 사람들의 점액질에는 변환 효소가 없어서 A가 변화되지 않은 상태로 냄새를 느끼게 된 경우였다. 나무 냄새가 난다고 답변한 사람들에게 B 물질을 맡게 하였더니 산딸기 냄새가 난다고 답변하였다. 사람 콧속의 점액질에서 특정 냄새 분자를 다른 냄새 분자로 변화시키는 몇몇 종류의 반응이 알려졌는데, 이와 같은 결과들은 냄새에 대한 이해를 더욱 복잡하고 어렵게 만드는 요인이 될 수도 있다.

후각 전기 신호의 발생과 뇌 속으로의 진입

점액질층을 통과한 냄새 분자는 후각 상피 조직에 도달한다. 인간의 후각 상피 조직은 면적이 수 제곱센티미터(cm^2) 정도이고, 두께는 0.1~0.2 mm 정도이다. 후각 상피 조직은 후각 신경세포, 기저세포, 지지세포 등으로 구성되어 있다. 이 중에서도 후각 신경세포가 냄새를 맡는 데 중요한 역할을 하고 있다. 후각 신경세포의 말단 부분에는 가느다란 섬모들이 후각 신경세포당 25개 정도 나 있고, 이 섬모들은 점액질에 잠겨 있으며, 섬모의 표면에는 후각 수용체들이 점점이 박혀 있다. 냄새를 맡는 데 있어서 이 후각 수용체는 매우 중요한 역할을 한다. 점액질을 통과하여 후각 상피 조직에 도달한 냄새 분자는 후각 수용체와 결합을 하고, 이 결합으로 인하여 후각 신경세포에 전기 신호가 발생된다. 후각 전기 신호의 발생에 대해는 다음 장에서 더 자세하게 살펴보기로 한다.

이렇게 발생된 전기 신호는 후각 신경을 타고 뇌로 진입한다. 후각 신경은 가느다랗고 기다란 모양을 하고 있다. 후각 신경의 한쪽 끝에는 후각 수용체가 박힌 섬모가 나 있고, 섬모는 점액질에 잠겨 있다(그림 4.2).

점액질에서 시작한 후각 신경은 후각 상피 조직과 뇌 사이에 존재하는 뼈의 구멍을 통과하여 길게 뻗쳐 있으며, 후각 신경의 다른 쪽 끝은 후각 망울 속의 사구체에 이르고 있다. 따라서 섬모 부분에서 발생한 전기 신호는 이 후각 신경으로 타고 뇌로 진입하여 사구체에 도달한다. 사구체는 신경들이 모여서 신경 간의 네트워크를 형성하는 장소로서 동글동글한 형태를 하고 있다. 이 사구체들이 들어 있는 '후각 망울'은 이에 해당하는 영어 단어의 olfactory(후각) bulb(구)가 의미하듯이 백열전구(light bulb) 같은 둥그런 모양을 하고 있다.

매우 흥미로운 사실은 한 개의 후각 신경세포 표면에는 오직 한 종류의 후각 수용체만이 있다는 것이다. 인간의 경우에 약 400종류의 후각 수용체가 있으므로 약 400종류의 후각 신경이 존재하는 셈이다. 400 종류의 후각 신경들은 후각 상피 조직 내에 무작위로 흩어져서 분포하고 있다. 물론 각 종류의 후각 신경이 한 개씩만 존재하는 것은 아니다. 후각 신경의 개수는 천만 개 정도 존재하는데, 후각 신경의 종류는 400개이므로, 각 종류당 25,000개의 후각 신경이 존재하는 셈이다. 그런데 더욱 흥미로운 것은 이렇게 후각 상피 조직에 흩어져 있는 후각 신경이 같은 종류끼리 사구체에 모인다는 것이다. <그림4.2>와 같이 후각 신경 a는 모두 사구체 A로 모이고, 후각 신경 b는 모두 사구체 B에 모인다. 즉, 냄새 분자가 후각 수용체 α와 결합하여 발생된 전기 신호는 후각 신경 a를 따라 뇌 속으로 전달되어 사구체 A로 모이고, 후각 수용체 β와 결합하여 발생된 전기 신호는 후각 신경 b를 따라 뇌 속으로 전달되어 사구체 B로 모이게 된다. 따라서 냄새 분자가 400종류의 후각 수용체 중 일부와 결합하여 만들어 낸 조합적 패턴은 전기 신호의 전달을 통해 사구

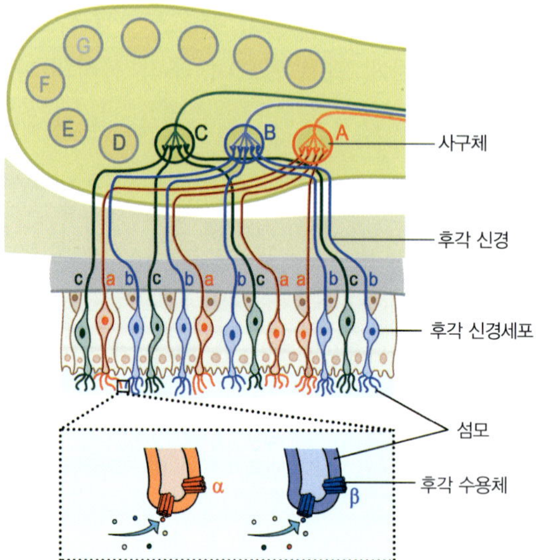

그림 4.2 **인간의 후각 신경.** 각 후각 신경세포에는 오직 한 종류만의 후각 수용체가 발현된다. 예를 들어, 후각 신경세포 a에는 후각 수용체 α만 발현되고, 후각 신경세포 b에는 후각 수용체 β만 발현된다. 또한, 동일한 종류의 후각 수용체가 발현된 후각 신경은 같은 사구체로 모인다. 예를 들어, 흩어져서 분포하는 후각 신경 a는 모두 사구체 A에 모이고, 후각 신경 b는 모두 사구체 B에 모인다.

체의 패턴으로 투영된다. 즉, 물질로서의 냄새 분자가 이 과정을 통해서 패턴 이미지로 변환된다. 마치 어떤 상품의 정보가 QR 코드의 패턴 이미지로 대변되는 것과 유사하다.

다음 <표 4.1>에 보인 바와 같이, 다른 포유동물들이 사람과 비교하여 더 많은 종류의 후각 수용체를 가지고 있음을 알 수 있다. 이로 인해 훨씬 더 많은 종류의 냄새를 구별해 낼 수 있을 것으로 생각된다. 개의 경우에 후각 신경의 종류도 2배 많지만, 후각 신경의 개수는 사람보다 10배가 많음을 알 수 있다. 그런데 특이한 것은 사구체의 개수는 인간이

표 4.1 포유동물의 후각 신경, 수용체, 사구체 개수[6]

종	후각 신경(세포)의 개수	후각 수용체 종류의 개수	사구체의 개수 (후각 망울 1개당)
인간	1천만	388	6,000
개	1억	800	3,000
쥐	1천만	1,300	
토끼	5천만		2,000

오히려 다른 동물들보다 많음을 알 수 있다. 후각 신호가 뇌로 들어와 도달한 첫 번째 기착지가 사구체임을 감안한다면, 후각 신호가 뇌의 더 깊숙한 곳으로 전달되면서 인간의 경우는 다른 동물보다 뇌에서의 신호 전달 과정이 더 복잡하게 일어날 것으로 예상된다.

냄새의 점묘화 이미지 생성

냄새를 일으키는 원인 물질인 화학 분자들이 콧속으로 들어와 후각 수용체와 결합하여 전기 신호를 발생시키고, 이 전기 신호가 뇌 속으로 진입하여 사구체에 도달한다는 이야기를 하였다. 즉, 화학 분자로 존재하던 것이 후각 수용체라는 변환기를 통하여 패턴으로 변환되고, 이 패턴은 사구체에서 정리되어 나타난다. 이렇게 후각 망울 내에서 사구체에 의해 만들어지는 패턴을 예일 대학교의 셰퍼드Gordon M. Shepherd 교수는 그의 저서 『Neurogastronomy』에서 점묘화에 비유하였다[7].

프랑스 화가인 쇠라Georges Seurat는 점을 찍어 그림을 그리는 방법인 점묘법을 도입함으로써 신인상파를 창시하였다. 빨간 물감과 하얀 물감을 섞어서 분홍색을 만들고 이를 캔버스에 칠하는 대신, 빨간색 점과 하얀색 점을 섞어서 찍음으로써 멀리서 보면 분홍색으로 보이는 기법을 사용한 것이다. 그의 대표작인 '그랑드자트 섬의 일요일 오후'에는 각기 다양한 색깔의 수천 개의 점을 사용하여 공원에서 한가로이 일요일 오후를 즐기는 여러 사람의 모습이 표현되었다(그림 4.3). 마치 이 그림의 점들은 사구체에 해당하고, 그 점들의 색깔은 사구체에 전달된 전기 신호의 세기에 해당하며, 전체 그림은 사구체들이 만들어 낸 패턴 이미지에 해당하는 것에 비유할 수 있다. 즉, 사구체라는 점들이 만들어 낸 점

그림 4.3 그랑드자트 섬의 일요일 오후. 다양한 색깔의 수천 개의 점을 사용하여 그린 점묘화(Georges Seurat, 1884~1886 제작)

묘화 이미지에 의해 비로소 냄새의 정체성을 갖는 패턴 이미지가 생성된다(그림 4.4). 이제 화학 물질로서 존재하던 냄새 분자들이 사구체가 점묘법으로 만들어 낸 패턴으로 변환되면서 냄새로서의 정체성이 생성된 것이다. 셰퍼드 교수는 이 사구체를 '범용 냄새감지 장치universal smell detecting device'라고 기술하고 있다[7]. 즉, 사구체를 통해 생성되는 패턴이 냄새 정체성을 나타내는 객관적 대상으로 사용될 수 있다는 이야기이다. 따라서 이는 특정 냄새에 대해 만들어진 이 패턴 이미지가 그 냄새의 정체성을 나타내는 QR 코드로 사용될 수 있음을 의미한다. 사구체를 통해 생성된 패턴은 뇌의 더 깊숙한 곳으로 이동되면서 또 다른 변환 과정들을 거치게 되는데, 이 과정들을 통해 경험, 감정 등의 주관이 개입되어 최종적으로 냄새를 인지하게 된다.

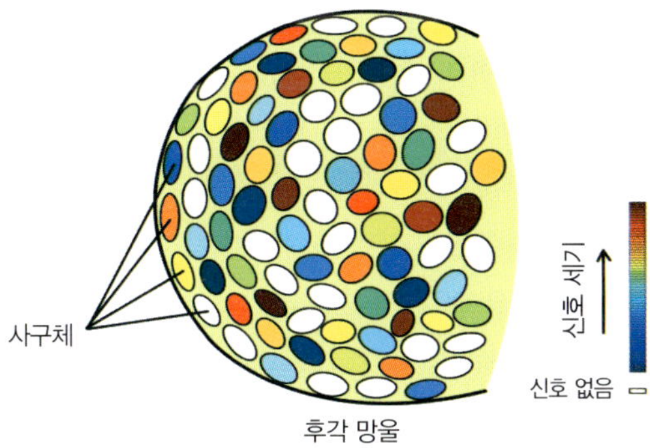

그림 4.4 냄새 정보 패턴. 냄새 정보 패턴은 사구체들이 그려낸 점묘화이다. 사구체 색깔은 신호 세기를 나타내며, 흰색 사구체는 신호가 없는 사구체를 나타낸다.

뇌에 의한 냄새 인지 1단계: 후각 피질

후각 망울 속의 사구체들이 그려낸 점묘화는 후각 피질로 전달되면서 그 모습을 바꾸게 된다. 사구체들이 그려낸 점묘화는 뇌의 외부에서 받아들인 외부 정보지만, 그 이후의 과정은 뇌의 내부로부터 합류한 정보이다. 즉, 점묘화 이후의 과정은 이미 뇌에 저장된 냄새 기억과의 비교를 통해 냄새 느낌을 생성하는 과정이다. 후각 기관을 통해 외부로부터 받아들인 냄새 분자로서의 물질적 정보가 뇌의 내부로부터 합류하는 경험, 감정, 판단 등의 정신적 정보와 합류하여 최종적으로 냄새의 느낌을 만들어 내는 과정이다.

이 과정을 좀 더 자세히 들여다보면, 후각 망울 속 사구체의 신호는 사구체 출구 신경들(승모/방상 세포)을 통해 사구체로부터 나와서 후각 망울의 영역을 벗어나 뇌의 '후각 피질'로 이동된다(그림 4.5). 뇌의 '후각 피질'은 후각과 관련된 뇌의 여러 부분을 포함하여 포괄적으로 일컫는 부위이다. 냄새의 외부 정보(사구체가 그린 점묘화)와 냄새의 내부 정보(기존 냄새에 대한 기억)가 만나는 장소가 바로 후각 피질이다. 후각 피질에는 과거에 맡았던 냄새 정보가 저장되어 있어서 새로 맡은 냄새 정보를 기존에 저장되어 있는 냄새의 기억 정보와 비교한다. 후각 망울에서의 정보는 냄새 분자에 의한 외부 자극에 기반을 둔다면, 후각 피질에서의 정보는 기억에 기반을 둔다. 즉, 후각 피질은 외부에서 들어온 냄새의 물질적 정보를 내부의 기억 정보와 비교함으로써 감각적 정보로 변환시키는 곳으로서 이곳에서 감각적 정보로서의 '냄새 대상'이 생성된다.

후각 피질이라는 카테고리에 속하는 것들은 뇌의 여러 부분에 흩어져서 존재하고 있으며 조롱박 피질, 편도체, 내후각 피질, 전방 후각 피질, 후각 결절 등이 여기에 속한다[8]. 조롱박 피질은 그 모양이 조롱박 혹은 서양배 같이 생겨서 붙여진 이름이며, 이는 다시 전방 조롱박 피질과 후방 조롱박 피질로 구분된다. 인간이 느끼는 냄새 느낌의 정보는 후각 피질 중의 어느 부분에 있는지를 밝히기 위해 신호 패턴을 조사한 결과, 인간이 비슷한 냄새로 느끼는 냄새들에 대해서 후방 조롱박 피질에서 유사한 신호 패턴을 보였다[9]. 즉, 후방 조롱박 피질로 전달된 신호 패턴이 인간이 느끼는 냄새 느낌과 밀접한 관계가 있는 것을 알 수 있었다. 최근에는 후각 망울의 패턴이 후방 조롱박 피질의 패턴으로 변화되는 과정에 대한 연구도 보고되었다[10].

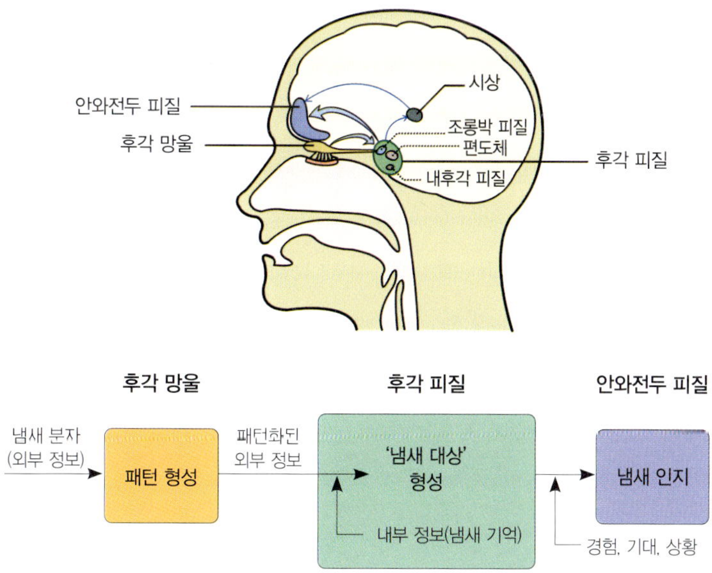

그림 4.5 뇌 속에서의 후각 신호 전달 과정

뇌에 의한 냄새 인지 2단계: 안와전두 피질

후각 피질에서 이렇게 정리된 신호는 다시 최종 기착지인 '안와전두 피질'로 전달된다(그림 4.5). 안와전두 피질이라는 용어에서, '안와'는 우리 머리에서 눈알이 위치한 움푹 파여있는 부위를 의미하고, '전두'는 뇌의 앞부분을 의미한다. 즉, '안와전두'는 눈 바로 뒤에 있는 뇌 앞부분이란 뜻이다. 후각 정보가 후각 피질에서 안와전두 피질로 전달되는 과정에서 각 개인이 가지고 있었던 경험, 기대, 상황 등의 정보가 추가되어, 비로소 뇌가 최종적으로 냄새를 느끼고 어떤 냄새인지를 판단하게 된다.

시각 정보는 빛의 파장과 연관되고, 청각 정보는 소리의 주파수과 연관되며, 촉각 신호는 압력과 연관되는 등 명백한 물리적 지표에 의해 기술될 수 있는 반면, 후각 정보는 이런 지표가 존재하지 않으므로 다른 냄새들과의 상대적인 비교를 통해 기술될 수밖에 없다. 따라서 냄새에 대한 느낌을 기술할 때는 냄새에 대한 경험과 기억이 매우 중요한 인자이다. 즉, 다양한 종류의 냄새를 많이 맡은 경험이 있는 사람이 특정 냄새에 대해서 보다 명확한 느낌을 기술할 수 있게 된다. 동일한 후각 능력을 갖춘 경우라 할지라도 냄새에 대한 훈련을 받은 사람들이 훨씬 더 냄새에 대한 느낌을 분명하게 기술할 수 있음은 당연한 이야기이다. 예를 들어, 조향사나 소믈리에는 냄새에 대한 기억 정보도 많을 뿐 아니라, 냄새를 표현하는 용어도 다양하기 때문에 냄새를 특징적으로 구분하여 보다 명확히 기술할 수 있다.

이와 같이 냄새 느낌은 경험에 따라 영향을 받으며, 또한 기대감에 의해서도 영향을 받는다. 기대감에 의한 영향은 백포도주에 붉은 색소를 첨가하고 진행한 실험에서 잘 나타나고 있다. 잔에 담긴 적포도주를 보면 냄새를 맡기 전이라도 저 포도주에서는 어떤 냄새가 날 것이라는 생각을 먼저 하게 된다. 백포도주에 무취의 붉은 색소를 첨가하면, 보기에는 마치 적포도주 같이 보인다. 이렇게 만들어진 붉은 백포도주의 향을 와인 전문가들에게 맡게 하고 어떤 냄새가 나는지에 대한 질문을 하면, 전문가들도 틀린 답변을 하는 것으로 나타났다. 붉은색으로 인한 기대감이 냄새의 느낌에 영향을 미치는 예이다. 경험과 기대감 이외에도 그때의 상황이 냄새 느낌에 영향을 주기도 한다. 이소발레르산을 맡고 어떤 냄새가 나는지에 대한 질문에 상황에 따라 고약한 발 냄새로 느끼기도 하고 치즈 냄새로 느끼기도 한다. 이처럼 냄새의 느낌은 안와전두 피질을 포함한 뇌의 다른 부분들과의 소통을 통해 개인의 경험, 기대, 상황 등에 따라 개인의 주관적인 판단이 개입되어 최종적으로 결정된다.

'안와전두 피질'은 우리 뇌에서 가장 큰 영역을 차지하고 있는 '대뇌 피질'에 속한다. 오감 중 후각을 제외한 나머지 4개의 감각(시각, 청각, 촉각, 미각)의 경우에는 최종 기착지인 대뇌 피질에 도달하기 위해서 모두 대뇌 피질로 통하는 관문으로 알려진 '시상'을 거친다. 그런데 후각의 경우에는 그렇지 않다. 후각 피질에서 나온 신호의 일부가 '시상'을 거치기는 하지만, 대부분의 후각 신호는 후각 피질에서 '시상'을 거치지 않고 바로 '대뇌 피질'에 속하는 '안와전두 피질'로 전달된다(그림 4.5).

'안와전두 피질'의 세포 중에는 유쾌한 냄새에 대해 선호적으로 반응하는 세포들이 있는 반면에 불쾌한 냄새에 대해 선호적으로 반응하는 세포들도 있는 것으로 나타났다. 또한, 유쾌한 냄새를 선호하는 세포들은 안와전두 피질의 특정 부위에 모여 있으며, 반면에 불쾌한 냄새를 선호하는 세포들은 다른 부위에 위치해 있는 경향이 관찰되었다[11]. 이와 같은 향취와 악취의 구분은 '안와전두 피질'에서 처음 나타나는 것으로서 뇌 속에서 냄새 정보가 거쳐온 다른 장소들에서는 관찰되지 않은 현상이었다. 따라서 냄새가 향취로 느껴지는지 악취로 느껴지는지에 대한 판단이 이 부위에서 일어날 것으로 여겨지며, 냄새에 대한 유쾌도 및 불쾌도의 순위도 여기서 매겨질 것으로 여겨진다[12].

다른 감각으로부터의 영향

백포도주에 붉은 색소를 섞어서 적포도주 같이 보이게 하면, 심지어 와인 전문가도 그 향에 대해 왜곡된 판단을 하게 하는 예를 앞에서 보았듯이 냄새를 판단하는 데 있어서 다른 감각들이 영향을 주는 예들을 우리는 어렵지 않게 접할 수 있다. 꽤 오래전에 있었던 콜라 광고를 기억하시는 분들이 계실 것이다. 눈을 가리고 대중들에게 선호하는 콜라를 선택하게 하였더니 경쟁사인 A사 제품보다 자사 제품인 B사 제품을 더 선호한다는 광고였다. 그러나 실제로는 A사 제품의 매출이 높은 것이 현실이었다. 음식과 음료수의 선호도 결정에 있어서 후각이 매우 중요하다는 이야기는 앞 장에서 이미 이야기 한 바가 있다. 여기서 눈을 가렸다는 의미는 시각을 배제했다는 측면도 있지만, 회사 브랜드를 배제했다는 의미도 함께 내포하고 있다. 이렇듯 뇌가 냄새를 판단하는 데는 다른 감각들과 또 다른 판단들이 복합적으로 작용하고, 이런 과정들이 뇌에서 진행되어 안와전두 피질에 모든 정보가 결집됨으로써 냄새를 최종적으로 판단하게 된다.

시각적 영향의 예들을 좀 더 살펴보기로 하자. 과일 향의 성분 중의 하나인 지방족 에스터 성분이 녹아 있는 용액에 노란색 색소를 섞고 맡아 보라고 하면 바나나 냄새가 난다고 답변을 하는 반면, 빨간색 색소를 섞고 맡아 보라고 하면 딸기 냄새가 난다고 답변하는 경향이 있다. 또한, 시각적 효과가 냄새에 대한 유쾌하고 불쾌한 정도에 대한 판단에도 영향을 미치는 것으로 나타났다. 같은 냄새에 대해서도 기분 좋은 그림을 보면서 맡는 경우와 썩 유쾌하지 않은 그림을 보면서 맡는 경우에 그 시각적 효과가 냄새에 대해 느끼는 유쾌도 및 불쾌도에 영향을 미치는 결과를 보였다.

음식에 소금이나 조미료를 첨가하면 음식에서 나는 아로마를 증대시킨다는 것은 조리 전문가들에게는 잘 알려진 사실이라고 한다. 이 경우에 소금과 조미료가 아로마 향이 후각 수용체와 결합하는 데 직접 관여하는 것이 아니고, 소금과 조미료에 의하여 자극된 미각 신호가 아로마 향에 의해 자극된 후각 신호에 영향을 주어 나타나는 결과이다. 즉, 수용체 레벨에서 일어나는 효과가 아니라, 뇌에서 진행되는 신호 전달 과정에 의해 일어난 효과이다. 미각이 후각에 영향을 미친 예이다. 이처럼 후각이 다른 감각에 의해 영향을 받지만, 후각이 다른 감각에 영향을 주는 예로서 후각이 촉각에 미치는 영향에 대한 연구도 보고되었다. 같은 재질의 타올에 대해서도 레몬 향이 나는 경우가 동물 냄새가 나는 경우와 비교하여 더 부드러운 촉감을 느끼는 것으로 나타났다[13]. 후각이 다른 감각적 요소나 혹은 비감각적 요소로부터 영향을 받는다는 것은 우리 주위에서도 흔하게 찾아볼 수 있다. 식탁에서 맡는 김치 냄새는 향긋

하게 식욕을 자극하지만, 식사 후에 옷에 묻어 있는 김치 냄새는 자못 불쾌하기만 하다. 길가의 베이커리에서 나는 빵 굽는 냄새가 출출한 상태에서는 고소하게 느껴지지만, 막 식사를 마쳐서 포만감을 느끼고 있는 상태에서는 느끼하게 느껴지기도 한다. 같은 냄새 분자에 기인한 냄새인데도 그 느낌이 사뭇 다르다.

여태까지 살펴본 바에 따르면, 분자적 물질로서의 냄새의 정체성(외부 정보)은 후각 망울에서 만들어지는 점묘화 패턴 이미지로 정의가 되고, 이 패턴이 후각 피질로 넘어오면서 기존에 가지고 있는 냄새 기억(내부 정보)과 비교하여 '냄새 대상'을 생성하고, 이것이 다시 안와전두 피질로 전달되면서 개인의 주관적 경험, 기대감, 현재 상황 등 여러 가지 다른 감각적 요소와 비감각적 요소가 복합적으로 작용하여 비로소 최종적인 냄새를 느끼게 되는 것이다.

5장

맛이란 무엇인가?

야~ 맛있다~
맛이란 무엇일까?

우리가 음식을 먹을 때 느끼는 종합적인 감각을 풍미라고 하며, 풍미는 음식을 섭취할 때 후각, 미각, 삼차신경 감각의 복합적 조합에 의해 느껴지는 감각이라고 앞에서 언급한 바 있다. 여기서 삼차신경 감각은 촉각, 온도 감각, 통각 등을 포함한다. 음식을 먹을 때 느끼는 감각적 요소는 맛(미각)뿐만 아니라, 냄새(후각), 식감(촉각), 온도(온도 감각), 통증(통각) 등도 포함된다. 즉, 우리가 흔히 이 모든 것을 종합하여 음식의 맛이라고 이야기하지만, 실제로 혀의 미각을 통해 느끼는 맛taste은 이들 요소 중의 하나로서 5가지의 주요한 맛이 있다. 짠맛, 신맛, 쓴맛, 단맛, 감칠맛이 그것이다. 앞의 4가지 맛에 대해서는 우리가 익히 잘 아는 맛이고, 다섯 번째 맛인 감칠맛은 '우마미'라고도 하며, 조미료의 주성분인 MSG가 내는 소위 '맛있는' 맛이다. 앞에서 살펴보았던 후각 기관을 통해 느끼는 냄새는 엄청나게 많은 종류가 존재하지만, 미각 기관을 통해 느끼는 다섯 가지의 주요한 맛은 각각이 명확한 특성을 가지고 있다. 다섯 가지 주요한 맛 이외에 음식에서 흔히 경험하는 매운맛과 떫은맛이 있다. 그런데 매운맛과 떫은맛은 과학적으로는 맛의 범주에 속하지 않는다. 다섯 가지 주요한 맛의 특징에 대해 살펴보고, 매운맛과 떫은맛은 왜 맛의 범주에 속하지 않는지를 알아보기로 하자.

과학이 발달하기 이전의 맛에 대한 기록들

인간이 음식을 먹을 때 느끼는 맛에 대해는 과학이 발달하기 오래전부터의 기록들이 있다. 뷰챔프Gary K. Beauchamp는 고대 중국, 인도, 그리스 등의 문헌에 나타나는 맛의 기록들을 살펴보고, 과학적인 분류를 떠나서 인간들은 원초적으로 어떤 맛들을 주요한 맛들로 생각해 왔는지를 정리하였다[1].

수천 년 전 중국의 문헌에 따르면, 만물은 물, 불, 나무, 금속, 흙의 5가지 요소로 이루어져 있고, 그것들은 각각 짠맛, 쓴맛, 신맛, 매운맛, 단맛과 연관되어 있다고 생각하였다. 계절에 따라 그에 맞는 음식의 맛도 달리 추천되었는데, 봄에는 신맛, 여름에는 짠맛, 가을에는 매운맛, 겨울에는 쓴맛의 음식을 추천하고 있다. 단맛은 이들 모든 경우에 있어서 추가로 사용됨으로써 음식 맛의 균형을 맞추는 역할을 하였다[2]. 또한, 약초의 약효에 대해서도 맛을 지표로 사용하였다. 건강을 위해서는 다섯 가지 맛이 조화를 이뤄야 한다고 생각하였다. 고혈압 환자는 맵고, 달고, 짠 음식을 피해야 하고, 매운 음식은 항염증 효과가 있는 것으로 생각하였다. 이상에서 보았듯이 중국의 옛 문헌들에 나타난 대표적 맛들은 짠맛, 쓴맛, 신맛, 매운맛, 단맛의 5가지 맛이었다.

인도의 고대 의학에서도 약초의 기능을 단맛, 신맛, 짠맛, 쓴맛, 매운맛, 떫은맛의 6가지 맛으로 분류하였다[3]. 중국 문헌에 나타난 다섯 가지 맛과 일치하고, 떫은맛이 하나 더 추가되어 있음을 알 수 있다. 각 맛의 효용성뿐만 아니라 과용하였을 때의 부작용에 대해서도 기록하고 있는데, 흥미롭게도 현대 의학과 일치하는 점들이 발견되었다. 예를 들어, 단맛은 신체 조직에 활력을 증진시켜 주지만, 과용하면 비만, 천식, 당뇨, 악성 종양 등을 유발한다고 경고하고 있다. 또 다른 예로, 짠맛은 입맛을 돋우지만 과용하면 순환계에 문제를 일으킬 수 있다고 기록되었다.

고대 그리스의 철학자 아리스토텔레스가 맛에 대해 기술한 것에 대해서는 두 가지의 다른 해석이 존재한다[1]. 첫 번째 해석은 맛은 크게 단맛과 쓴맛의 두 가지로 구별되고, 다른 맛들은 이 두 맛의 중간 맛이라는 해석이다. 마치 흰색과 검은색이 있고, 그 중간에 다양한 종류의 회색이 있는 것과 같다는 해석이다. 또 다른 해석은 아리스토텔레스가 단맛, 신맛, 짠맛, 쓴맛, 매운맛, 떫은맛의 6가지 맛을 이야기했다는 해석이다. 아리스토텔레스보다 3세기 후의 또 다른 그리스의 의학자도 6가지 맛에 대해 아리스토텔레스와 의견을 같이하고 있다.

이상에서 살펴본 바와 같이 인간이 오랜 세월 동안 맛이라고 느껴온 대표적인 것들로는 단맛, 신맛, 짠맛, 쓴맛, 매운맛, 떫은맛의 6가지가 있음을 알 수 있다. 그러나 과학적 연구를 통해 이들 6가지 중에 단맛, 신맛, 짠맛, 쓴맛의 4가지 맛은 혀의 미뢰 속에 들어 있는 미각 세포를 통해 감지되는 감각인 것에 반해, 매운맛과 떫은맛은 몸 전역에 퍼져있는 '몸 감각 세포'에 의해 감지되는 별개의 감각임이 밝혀졌다. 따라서 미각 세포에 의해 감지되는 4가지 맛과 미각 세포에 의해 감지되는 또 하나의 맛인 감칠맛이 추가된 5가지 맛이 통상적으로 기본적인 맛으로 받아들여지고 있다. 그러나 이들 다섯 가지 맛 이외에도 다른 맛을 감지하는 수용체들이 추가로 속속 밝혀지고 있다. 예를 들어, 지방맛, 녹말맛, 칼슘맛, 물맛 등이 그것들이며, 이들을 기본 맛에 추가해야 할지에 대한 과학계의 논의는 계속되고 있는 상황이다.

다섯 가지 맛에 대한 선호도

한자성어 중에 '감탄고토'라는 말이 있다. 우리가 잘 알고 있는 바와 같이 '달면 삼키고, 쓰면 뱉는다.'라는 뜻으로, 유리한 경우에는 함께하고 불리한 경우에는 배척하는 이기주의적 태도를 이르는 말이다. 그러나 입에 들어온 물질의 맛이 달면 삼키고 쓰면 뱉는 행위는 생리학적으로는 지극히 자연스러운 현상이며 생존을 위해는 꼭 필요한 행동이다. 이렇게 '단맛은 좋아하고, 쓴맛은 배척하는 감정은 태어날 때부터 선천적으로 가지고 태어난 것인가?' 혹은 '태어난 이후의 학습을 통해 후천적으로 얻어지는 것인가?'라는 의문에 대해 과학자들이 관심을 가지고 연구를 하였다. 우리가 음식을 먹을 때 그 음식의 맛이 먹는 사람이 좋아하는 맛인지 그렇지 않은지는 곧바로 그 사람의 표정에 나타난다. 맛에 대한 아무 경험이 없는 갓난아이도 맛의 종류에 따라서 선호하는 맛이 있는가를 조사하기 위해 이스라엘의 한 소아과 의사는 태어난 지 1~2시간 정도 되는 아이가 맛에 대해 느끼는 표정을 관찰하는 실험을 하였다[4]. 짠맛, 신맛, 쓴맛, 단맛의 4가지 맛을 각각 면봉에 묻혀서 갓난아이의 혀에 대어 주고, 아이의 표정을 촬영하여 분석하였다. 먼저 짠맛이 묻은 면봉을 대어 주었더니 아이의 표정은 거의 변화가 없었고, 주위를 두리번거리며 자기가 태어난 세상에 대한 호기심을 보이는 듯한 표정을 지었다. 다음으로 신맛을 대어 주었더니 입술을 오므리고 회피하려는 모습을 보였다. 쓴맛의 경우에는 고통스럽고 싫어하는 표정을 지으며 입 밖으로 뱉어내려 하였다. 단맛의 경우에는 순간적인 미소까지 짓는 모습을 보여 주었다. 그 후에 다른 과학자들에 의해 수행된 쥐의 실험을 통해서 맛에 대한 감정이 태생적이라는 사실은 더욱 확실해졌다. 갓난아이의 경우에는 단지 얼굴의 표정만을 관찰하여 판단할 수밖에 없었지만, 쥐 실험에서는 뇌의 어느 부위에서 어떤 반응을 일으키는지도 관찰할 수 있었다. 이를 통해 맛에 대한 감정은 태어난 이후의 학습을 통해 얻어지는 것이 아니라, 태생적으로 가지고 태어난다는 것을 확인할 수 있었다.

갓난아이가 보여 준 맛에 대한 반응은 매우 흥미로운 결과로, 생존에 필요한 선천적 반응으로 해석될 수 있다. 과학자들의 후속연구들을 통해 다섯 가지 맛에 대해 인간이 느끼는 일반적인 선호도는 다음과 같이 나타났다. 단맛과 감칠맛은 '좋은' 맛, 쓴맛과 신맛은 '나쁜' 맛, 짠맛은 맛의 농도와 섭취자의 생리적 필요성에 따라 '좋기도 하고, 나쁘기도 한' 맛으로 나타났다[5]. 단맛과 감칠맛을 '좋은' 맛으로 느끼는 까닭은 그런 맛을 내는 물질들이 우리 몸에 필요한 영양분을 제공해 주는 물질이기 때문이다. 또한, 신맛과 쓴맛이 '나쁜' 맛으로 느껴지는 이유는 신맛은 상한 음식에 대한 경고나 덜 익은 과일이라는 정보를 주고, 쓴맛은 독소 물질에 대한 위험성을 알려 주기 때문이다. 짠맛의 경우는 우리 몸에 꼭 필요한 성분을 제공해 주지만, 농도가 너무 높을 때는 거부감을 나타낸다. 냄새는 수많은 종류의 다양하고 미묘한 차이를 나타내는 반면, 맛의 경우는 다섯 가지 종류의 분명한 차이가 있으며 해당 음식을 선택할지 거부할지에 대한 가부를 결정하게 한다. 이와 같은 특징을 가지고 있는 5가지 맛들에 대해 좀 더 자세히 알아보기로 하자.

짠맛

짠맛은 잘 알다시피 소금으로 인해 느껴지는 맛이다. 소금($NaCl$)이 물에 녹으면 Na^+와 Cl^-로 분리되는데, 바로 Na^+(나트륨 이온)가 내는 맛이 짠맛이다. 목숨을 걸다시피 하며 깎아지른 듯이 경사가 심한 댐을 오르는 야생 염소들의 모습이 영국 BBC에서 촬영한 영상에 잡혔다(그림 5.1). 이 염소들은 왜 이렇게 위험을 무릅쓰고 거의 90°에 가까운 경사를 올라가는 것일까? 그 이유는 댐 벽에 있는 염분을 핥아먹기 위해서이다. 나트륨은 동물의 신경 및 근육이 정상적으로 기능하기 위해 매우 중요한 역할을 한다. 따라서 동물들은 생존을 위해 나트륨을 섭취해야 한다. 이렇게 절대적으로 필요한 나트륨을 섭취하기 위해 우리의 혀는 짠맛을 감

그림 5.1 댐 벽에 있는 염분을 핥아먹기 위해서 목숨을 걸고 경사진 댐 벽을 오르는 야생 염소

지하고 이를 입맛 당기는 맛으로 느끼게 한다. 나트륨이 가장 강한 세기의 짠맛을 내지만, K^+도 Na^+의 60% 정도의 짠맛을 내는 것으로 알려졌다. 사람들이 짠맛을 좋아하면서 생기는 과도한 나트륨 섭취는 고혈압과 심장질환의 원인이 되기도 한다. 따라서 나트륨을 대체할 수 있는 짠맛 성분을 찾아내려는 많은 노력을 기울이고 있지만, 아직도 이렇다 할 대체 성분을 찾아내지는 못하고 있는 실정이다.

앞에서 이야기하였듯이 냄새를 인지하게 되는 꽤 복잡한 과정 중에 가장 처음에 일어나는 일은 냄새 분자가 후각 수용체와 결합하여 전기 신호를 발생하는 일이다. 맛을 인지하는 과정도 유사한 과정을 거친다. 맛 분자가 미각 세포 표면의 미각 수용체와 결합하여 신호를 발생시키는 일이다. 그런데 짠맛의 원인 물질인 나트륨 이온이 결합하는 짠맛 수용체는 후각 수용체와는 다른 형태인 '이온 채널'의 형태를 하고 있다는 차이가 있다. 이온 채널도 후각 수용체와 유사하게 세포막에 있는 단백질인데, 다른 점은 그 단백질 자체가 나트륨 이온을 통과시키는 채널 역할도 함께 한다는 점이다. 나트륨 이온이 이 단백질에 결합하면 통로가 열려서 나트륨 이온을 세포 속으로 들여보내는 역할을 하고, 이로 인해 신호가 발생하게 되어 궁극적으로 뇌가 짠맛을 느끼게 된다.

신맛

신맛은 H^+(수소 이온)으로 인해 느껴지는 맛이다. 짠맛이 생존을 위해 필요한 성분을 섭취하는 데 필요한 맛이라면, 신맛은 상한 물질을 섭취하지 않는 데 필요한 맛이다. 음식이 부패하는 과정은 미생물에 의해 음식물이 분해되고 산이 생성되는 과정이다. 따라서 신맛은 음식이 상했다는 것을 의미하므로, 신맛을 감지하면 이를 섭취하지 말아야 한다. 신맛을 느끼고 부패 음식을 피해야 하기도 하지만, 반면에 우리는 과일의 신맛을 즐기기도 한다. 신맛을 좋아하는 사람도 있는 반면, 신맛 음식을 먹지 못하는 사람도 있다. 필자는 후자에 속하는 편인데, 어떤 때는 과일을 쳐다보기만 해도 몸서리가 쳐질 정도로 실 것 같은 생각이 들어서 감히 과일에 손을 대지도 못하는 일도 있다. 하지만 여름에 시원한 물냉면을 먹을 때 식초를 듬뿍 쳐서 먹으면서 신맛을 즐기는 사람들도 있다.

신맛의 원인이 되는 수소 이온의 농도가 높다는 것은 산성이 강하다는 것을 의미한다. 수소 이온이 결합하는 신맛 수용체도 짠맛과 같이 이온 채널 형태를 가지고 있다. 수소 이온이 이 이온 채널과 결합을 하면, 통로가 열려서 수소 이온이 세포 속으로 들어가게 되어 신호가 발생한다. 수소 이온 농도를 측정하는 도구로서 우리가 잘 아는 pH 미터가 있다. pH가 낮을수록 수소 이온 농도가 높다는 것을 의미하며, 이는 또한 산성이 강하다는 것을 의미한다. 우리 혀에 있는 신맛 이온 채널은 우리 혀의 pH 미터인 셈이다.

쓴맛

짠맛과 신맛의 경우에는 그 원인 물질이 간단하고 분명한 것과 비교하여 쓴맛을 내는 물질은 자연계에 매우 다양하게 존재한다. 앞에서 언급한 갓난아이의 표정을 관찰한 실험에서도 보았듯 쓴맛은 인간이 태생적으로 싫어하는 맛이다. 자연에 존재하는 많은 쓴맛 물질들은 독소를 가지고 있으므로 이를 피해야 하기 때문이다. 그런데도 우리가 즐겨 먹는 음식 중에는 쓴맛을 내는 것들이 있고, 어떤 경우에는 일부러 쓴맛을 첨가하기도 한다. 가장 대표적인 것들로서 커피, 코코아(무설탕), 맥주 등을 들 수 있다. 이런 음식들은 전부 어른들이 좋아하는 것으로서 쓴맛에 대한 호감은 문화적으로 적응된 결과일 것으로 여겨진다(그림 5.2).

짠맛과 신맛의 경우에는 그 원인 물질이 결합하는 혀의 미각 세포 상의 수용체가 이온 채널의 형태를 가지고 있지만, 쓴맛을 감지하는 수용체는 후각 수용체와 매우 유사한 구조로 되어 있으며, 신호를 발생하는 과정도 후각 신경세포에서 일어나는 과정과 매우 유사하다. 매우 특이한 점으로서 쓴맛의 경우에는 수용체의 종류가 25가지나 된다는 점이

그림 5.2 쓴맛은 인간이 태생적으로 싫어하는 맛이지만, 어른이 되어서는 쓴맛 음식을 즐기기도 하는데, 이는 문화적으로 적응한 결과일 것으로 여겨진다.

다. 후각 수용체의 종류가 약 400가지인 것과 비교하면 훨씬 적지만, 다른 맛들의 경우에는 모두 그 종류가 1가지 밖에 없는 것에 비하면 쓴맛의 경우에는 매우 많은 종류의 수용체를 가지고 있다. 이는 자연계에 존재하는 독성 물질을 회피하여 살아남기 위해 이렇게 많은 수의 유전자를 쓴맛 수용체에 할애하고 있는 것으로 여겨진다. 현재까지 알려진 쓴맛 분자는 680여 가지가 알려져 있고, 그 개수가 점점 늘어나고 있으며 1000가지는 쉽게 넘을 것으로 예상하고 있다. 현재까지 알려진 것 중에 200여 가지는 한 개 혹은 몇몇 개의 특정 수용체와 결합을 한다고 알려져 있다.

한 식탁에 앉아서 함께 식사를 하고 있는 사람들 간에도 맛을 감지하는 정도가 서로 다르다. 이는 혀에서 맛을 감지하는 부분인 미뢰의 개수가 사람마다 다르기 때문인 것으로 밝혀졌다. 미뢰의 개수가 많은 사람은 식탁 위의 음식의 맛을 즐기지만, 미뢰의 개수가 적은 사람은 맛의 즐거움을 충분히 느끼지 못하고 꾸역꾸역 먹는 경우가 발생하기도 한다. 매우 많은 수의 미뢰를 가지고 있는 사람의 경우에는 미뢰 수가 적은 사람에 비하여 심지어 16배나 많은 미뢰를 가지고 있기도 하다[6]. 맛을 느끼는 세기에 대한 개인 간의 차이에 대해서는 쓴맛에 대한 연구를 통해 많은 부분이 알려졌다.

1931년 미국 화학회사인 듀폰DuPont의 연구자들이 화학물질 가루를 병에 옮기는 중, 실수로 분말이 날리어 혀에 닿아서 우연히 맛을 보게 되었는데 한 사람은 쓴맛을 느꼈지만, 다른 사람은 쓴맛을 느끼지 못하였다. 이 중에 쓴맛을 느끼지 못했던 연구자인 팍스Arthur Fox는 이를 흥미롭게 느껴서 가족, 친구, 직장 동료들에게 맛을 보게 한 결과, 이 물질에 대해 쓴맛을 느끼는 사람과 그렇지 못한 사람들이 존재한다는 사실을 발견하였다[7]. 이것이 바로 쓴맛 연구에 많이 사용되는 'PTC'라는 물질이고, 유전학자의 후속연구를 통해 쓴맛을 느끼는 데 관여하는 쓴맛 수용체가 하나가 아니라는 사실을 알게 되었다. 쓴맛에 대한 연구는 주로 두 가지의 쓴맛 물질(PTC, PROP)을 사용하여 연구가 이루어졌으며, 이 물질들을 쓴맛으로 느끼지 못하는 사람들은 특정 쓴맛 수용체에 변이가 있다는 사실이 밝혀졌다[8]. 이 물질들을 매우 쓰게 느끼는 사람들은 다른 사람들보다 많은 수의 미뢰를 가지고 있었고, 특히 혀의 앞쪽 끝부분에 그 수가 많았다. 미뢰의 수도 중요하지만, 더 중요한 것은 그 속에 위치하고 있는 쓴맛 수용체의 개수가 쓴맛을 느끼는 데 더 직접적인 영향을 미친다[9]. 다음 장에서 더 자세히 이야기하겠지만, 혀의 표면에 존재하는 각 미뢰들은 다섯 가지의 모든 맛을 감지할 수 있는 기능을 지닌 미각 기관이다. 여기서 이야기하고 있는 쓴맛 물질들을 쓴맛으로 느끼지 못하는 사람들은 해당 쓴맛 수용체에 돌연변이가 일어난 경우이다. 그렇더라도 다른 쓴맛 물질들에 대해서는 정상적으로 쓴맛을 느낀다. 다른 종류의 쓴맛 수용체는 정상이기 때문이다.

쓴맛을 제대로 느끼지 못하는 사람들은 지방, 달콤한 음식, 알코올음료 등을 좋아하며, 뚱뚱한 경향이 있고, 알코올 과섭취 위험성이 높은 것으로 나타났다. 반면, 쓴맛에 대한 높은 민감도를 가진 사람은 일반적으로 다른 맛들에 대해서도 민감도가 높고, 혀의 표면에 더 많은 숫자의 미뢰를 가지고 있는 것으로 나타났다. 이렇듯 어떤 사람의 쓴맛에 대한 성향만을 파악하더라도 그로 말미암아 그 사람의 맛에 대한 또 다른 성향도 파악할 수 있다.

단맛

단맛은 인간을 비롯한 동물들이 선천적으로 좋아하는 맛이다. 단맛 물질로는 우리가 잘 아는 설탕, 포도당, 과당 등의 당류가 있다. 당류를 대체할 수 있는 단맛 물질을 찾으려는 노력들이 오랜 기간에 걸쳐 시도되어 왔다. 가장 먼저 발견된 물질은 사카린saccharin으로서 1879년 화학실험 중에 우연히 발견된 인공 감미료이다. 분자 크기가 설탕의 절반 정도이며 칼로리는 없지만, 단맛의 세기는 설탕의 300~400배에 달해서 음료와 과자류의 식품 첨가물로 사용된다. 사카린이 매우 강한 단맛을 가지고 있는 특성에 빗대어 '사카린'이란 단어는 너무 과도하게 예의 바르거나 과도하게 친절할 때 비유적으로 사용되는 단어이기도 하다. 사카린 다음으로 발견된 단맛 물질은 1931년에 발견된 스테비아stevia라는 물질로서 남아메리카의 특정 부족들이 천년 이상 사용한 식물에서 분리해낸 물질이다. 그러나 이 물질의 식용 허가 상태는 나라마다 다른 상황이다. 미국과 유럽의 경우에는 오랫동안 식품 첨가물로 허가가 나지 않다가 2천년대에 들어서 비로소 허가가 난 상태이다. 그다음으로 발견된 단맛 물질은 1937년에 발견된 사이클라메이트cyclamate인데, 발견 초기에는 당뇨 환자를 위해 시판되기도 하였으나 발암 논란을 일으키며 1969년 FDA에 의해 사용이 금지되었다.

1965년에는 아스파탐이 발견되었다. 아스파탐은 두 개의 서로 다른 아미노산(아스파트산, 페닐알라닌)을 인위적으로 붙여 만든 인공 합성물이다. 아스파탐의 분자 크기는 설탕의 80% 정도이며 설탕의 200배 정도의 단맛을 낸다. 사카린이 매우 달기는 하지만 쓴맛도 있는 반면, 아스파탐은 인공 감미료 중에 가장 설탕과 비슷한 단맛을 내고 칼로리도 거의 없어서 시중에서 많이 팔리고 있는 다이어트 음료에 널리 사용되고 있다. 그런데 아스파탐이 들어 있는 다이어트 음료 용기를 자세히 들여다보면 깨알같이 작은 글자로 '페닐알라닌 함유' 혹은 '페닐케톤뇨증 주의'라는 문구가 적혀 있다. 페닐케톤뇨증이라는 질병이 있는 사람은 이 음료를 섭취하면 안 된다는 경고 문구이다. 아스파탐 이후에 발견되어 FDA의 승인을 받은 합성 감미료로 아세설팜칼륨, 수크랄로스, 네오탐 등이 있다. FDA 승인을 받은 위의 모든 단맛 물질들은 인공적으로 합성한 물질인 반면, 모넬린은 아프리카 식물의 열매에 존재하는 단백질로서 분자 크기는 설탕의 30배이고 단맛은 설탕의 수백에서 수천 배에 달한다. 모넬린은 단백질이므로 열을 가하면 그 구조가 풀어져서 단맛이 없어지는 특성을 가지고 있다.

이렇듯 단맛을 내는 물질들의 면면을 살펴보면 분자의 크기도 다르고, 그들의 화학적 특성도 당(설탕), 작은 화합물(사카린), 아미노산(아스파탐), 단백질(모넬린) 등으로 제각각이다. 그렇다면 도대체 단맛을 내는 물질이 그렇지 않은 물질과 다른 화학적 특징은 무엇인가? 화학적 분자의 크기나 구조를 가지고는 도무지 알 수가 없다. 유일한 방법이 인간의 혀로 맛을 보는 방법밖에 없다. 혀로 맛을 보아 달게 느껴지면 단맛을 내는 물질이고, 아니면 단맛 물질이 아닌 것이다. 인간의 혀에는 단맛을 감지하는 단 한 종류의 미각 수용체가 존재하는데, 이 단맛 수용체와 결합을 하면 단맛을 내는 물질이고, 결합하지 않으면 단맛을 내는 물질이 아니다. 즉, 인간의 단맛 수용체와 결합을 하는 물질인가 아닌가가 그 판단 기준이다. 앞에서 기술한 후각 수용체를 비롯한 모든 수용체들은 모두 한 개의 분자가 그 기능을 하고 있는데, 단맛 수용체는 독특하게도 두 개의 서로 다른 수용체 분자가 한 조를 이루어서 기능을 하고 있다. 현재로서는 인간의 단맛 수용체를 통하지 않고는 단맛의 여부를 판단할 수 있는 방법이 없다. 결론적으로 단맛이란 어떤 물질(단맛 물질)이 단맛 수용체를 자극하여 뇌가 인지하는 느낌인 것이다.

감칠맛(우마미)

우마미는 일본어로 맛있다는 뜻의 '우마이うまい'와 맛이라는 뜻의 '미(味)'가 합해져서 만들어진 용어로서 영어로도 'umami'라고 부른다. 우마미는 1908년 동경제국대학 이케다 기쿠나에 교수에 의해 처음으로 밝혀졌다. 다시마 국물에서 나는 독특한 맛있는 맛의 정체가 무엇인지를 연구하여, 그 성분이 글루탐산염이라는 것을 알아냈다. 우리가 잘 아는 조미료인 MSGmonosodium glutmate가 바로 글루탐산염이다. 그 후, 이케다 교수의 제자에 의해 '가쓰오부시(가다랑어포)'에서 또 다른 우마미 성분인 핵산 성분도 발견되었다. '가쓰오부시'는 일식을 먹을 때 고명으로 얹어서 나오는 가다랑어로 만든 가공식품이다. 가다랑어를 찐 다음 훈제를 하고 발효시킨 후 건조시키면 매우 단단한 상태로 마치 장작같이 굳어지는데, 이를 대패로 갈아서 얻어진다(그림 5.3). 대팻밥같이 얇게 생긴 것이 음식 위에서 오그라들며 움직이는 모습을 본 적이 있을 것이다. 첫 우마미 발견 후 50년 정도 지난 후에 표고버섯에서 또 다른 핵산 성분의 감칠맛 성분이 발견되기도 하였다. 이 핵산 성분들이 핵산 조미

그림 5.3 가다랑어를 찌고, 훈제하고, 발효시키고, 건조하면 매우 단단한 상태로 되고, 이를 대패로 얇게 갈아서 가쓰오부시를 만든다.

료라고 불리는 것들이다.

우마미의 정체가 밝혀진 이후에 그 맛의 수용체가 2002년에 밝혀지기까지는 거의 100년이라는 세월이 걸렸다. 단맛 수용체는 두 개의 서로 다른 수용체 분자가 한 조를 이루어서 기능을 하고 있다는 이야기를 앞에서 한 바가 있는데, 우마미 수용체도 역시 두 개의 서로 다른 수용체 분자가 한 조를 이루어서 기능을 하고 있다는 것이 밝혀졌다[10]. 그런데 흥미롭게도 단맛 수용체와 우마미 수용체는 공통의 수용체를 포함하고 있다. 단맛 수용체가 수용체 B와 수용체 C가 한 조를 이루고 있다면, 우마미 수용체는 수용체 A와 수용체 C가 한 조를 이루고 있다. 즉, 수용체 C는 단맛 수용체와 우마미 수용체에 모두 공통으로 포함되어 있다.

이상에서 기술한 다섯 가지의 주요한 맛 이외에도 맛의 범주에 속할 가능성이 있는 맛들로서 지방맛, 녹말맛, 칼슘맛, 물맛 등이 있다.

맛이 아닌 맛, 매운맛과 떫은맛

앞에서 살펴본 바와 같이 인간이 오랜 세월 동안 맛이라고 느껴온 대표적인 것들로는 단맛, 신맛, 짠맛, 쓴맛, 매운맛, 떫은맛의 6가지이며, 우리의 일상생활에서 음식을 먹으며 느끼는 맛들도 대게 이들 6가지 맛의 범주에 속하는 것으로 느껴진다. 그러나 과학적인 관점에서는 이들 6가지 중 처음 4가지에 감칠맛을 추가한 5가지만이 맛으로 인정되고, 나머지 두 가지인 매운맛과 떫은맛은 맛의 범주에서 제외된다. 그렇다면 이 두 가지는 왜 다른 범주에 속하게 되는지에 대해 살펴보기로 하자.

맛의 범주에 속하는 5가지 맛을 느끼게 하는 세포는 미각 세포로서, 혀의 표면에 있는 미뢰 속에 다섯 가지 미각 세포가 모두 모여서 미각 기관을 이룬다. 이에 대해서는 다음 장에 보다 자세하게 기술되어 있다. 반면에 매운맛과 떫은맛은 미각 기관이 아닌 '몸 감각 기관somatosensory system'이라고 불리는 다른 감각 기관에 의해 느껴지는 감각이다. 우리는 '몸 감각 세포'들을 통해 접촉, 압력, 온도, 통증 등을 느끼는데, 이 세포들은 우리 몸 전역에 퍼져있으며 입술, 혀, 입안의 표면에도 있고 코에도 있다. 따라서 음식을 먹을 때, 우리는 맛과 냄새 이외에 이런 감각 세포들이 자극되어 발생하는 느낌도 함께 느끼게 되고, 매운맛과 떫은맛도 이 범주에 속하는 것으로 분류된다. 우리가 음식을 먹을 때 흔히 느끼는 표현들로서 바삭바삭한, 아삭한, 쫄깃쫄깃한, 끈적끈적한, 걸쭉한, 오돌오돌한, 부드러운, 훌훌한, 시원한 느낌 등이 이와 같은 범주에 속한다.

매운맛이 없는 한국 음식은 상상할 수 없을 정도로 우리는 매운맛을 즐기고 있다. 세계 각국의 음식들 중에는 한국 음식을 비롯하여 중국의 사천, 인도, 동남아, 멕시코 음식 등 매운맛을 특징으로 하는 음식들이 많이 있으며, 많은 사람들이 이런 매운맛의 매력에 한껏 이끌린다. 지구상 대부분의 동물들이 매운맛을 거부하는 반면, 특이하게도 유독 인간만이 매운맛에 매료된다[11]. 음식 맛을 내는 데 빠질 수 없는 매운맛은 고추에 들어 있는 '캡사이신capsaicin'이라는 물질이 통각을 자극하여 발생하는 느낌이다. 통각이 캡사이신에 오래 노출되면, 캡사이신을 비롯한 다른 유해한 자극에도 무뎌지게 된다. 이런 현상을 이용하여 캡사이신이라는 통각을 자극하는 물질이 오히려 통증을 치료하는 물질로 사용되기도 한다. 캡사이신이라는 화학물질에 의해 자극되는 통각 수용체는 매우 흥미롭게도 열에 의해서도 자극된다[12]. 영어의 'hot'이라는 단어가 '뜨겁다'라는 의미와 '맵다'라는 의미로 공통으로 사용되는 것과 무관하지 않은 결과이다. 우리는 더워도 땀을 흘리지만 매운 음식을 먹어도 땀을 흘린다.

덜 익은 감은 먹으면 떫은맛을 느끼는데, 이 떫은맛을 내는 원인 물질은 '폴리페놀polyphenol'이라는 성분으로서 덜 익은 과일이나 차에 주로 들어 있는 성분이다. 폴리페놀이 혀에 닿으면, 혀 표면을 덮고 있는 침 속에 들어 있는 단백질과 결합을 하여 알갱이들을 만들어낸다. 이 알갱이들은 물을 싫어하는 성질을 가지고 있어서 혀를 골고루 덮고 있는 얇은 침 층을 파괴시키고, 이로 인해 혀 표면에 군데군데 침이 없는 부분이 생성되어 혀 표면이 건조하고 오그라드는 느낌을 느끼게 된다. 혀 표면의 침 층이 파괴되는 과정에서 수용체를 자극하여 신호가 발생되고, 이 신호가 신경을 통해 뇌로 전달됨으로써 떫은맛을 느끼게 된다[13]. 이상에서 보았듯이 우리가 흔히 맛이라고 생각하는 매운맛과 떫은맛은 혀에 위치한 미각 기관에 의해 감지되지 않으므로 과학적으로는 맛으로 분류되지 않지만, 고대 문헌들의 기록에서도 그렇고 우리의 일반적인 식생활에서도 맛으로 여겨진다.

맛에 대해 후천적으로 습득되는 특성

앞에서도 이야기하였지만 쓴맛은 누구나 선천적으로 회피하는 맛이다. 그런데 자기가 좋아했던 맛을 가진 음식일지라도 그 음식을 먹고 크게 아파 본 사람은 그 음식을 회피하는 경향이 있고, 심지어는 평생토록 그 음식을 안 먹게 되는 예를 주위에서 종종 보게 된다. 필자가 아는 선배 교수님 중 한 분은 치킨을 못 드시는 분이 있다. 이분이 처음부터 치킨을 못 드셨던 것은 아니었고, 특정 사건을 계기로 그렇게 되었다고 한다. 초등학교 시절에 학교 앞에서 파는 병아리를 사서 집에서 길렀는데, 이 병아리는 먹이를 잘 먹고 하루가 다르게 무럭무럭 커갔다. 학교 갔다 오면 병아리를 보는 것이 큰 낙이 되었다. 그러던 어느 날 학교에 갔다 와서 어머님이 차려주신 식사를 맛있게 한 뒤에 병아리를 보려고 찾아 보았는데 병아리를 찾을 수가 없었다. 그래서 병아리가 어디 있는지 어머니께 물어보았는데 충격적인 답변을 들었다. “조금 전에 네가 맛있게 먹었잖아”. 그 이후로 이 교수님은 평생 치킨을 먹을 수 없게 되었다.

이와 같은 현상을 ‘조건부 맛 기피’라고 부른다. 그런데 보드카와 오렌지 주스를 섞어서 만든 칵테일인 스크루드라이버를 마시고 크게 힘들었던 경험을 한 사람은 그 후에 오렌지 주스도 싫어하게 된다. ‘자라 보고 놀란 가슴 솥뚜껑 보고 놀란다.'라는 속담을 생각나게 한다. 이 속담의 경우는 시각적인 효과지만, 우리는 지금 미각적인 효과에 대해 이야기하고 있다. 자신을 힘들게 한 원인이 오렌지 주스가 아니라 보드카라는 사실을 본인이 잘 알고 있을지라도 이런 현상이 일어난다. 동물들의 경우에도 자신을 덫에 걸리게 하려고 미끼로 사용되었던 먹잇감은 그 이후에는 회피하는 현상을 보인다. 쓴맛에 대한 회피는 경험과 상관없는 선천적 현상인 반면, 위의 예에서 나타나는 현상들은 후천적 학습으로 얻어지는 특정 맛에 대한 회피 현상이다. 이와 같은 현상은 '가르시아 효과'라고도 불리는데, 가르시아는 쥐에게 먹이를 주면서 방사선을 쬐어 메스꺼움을 일으키게 하는 실험을 하였다. 평상시에는 좋아했던 먹이였지만, 메스꺼움을 느낀 쥐는 그 이후로는 그 먹이를 회피하는 현상을 보였다.

또 다른 실험으로서 우리가 잘 아는 '파블로프의 개' 실험이 있다. 개에게 먹이를 주면 침을 흘리는 것은 생체가 본래 가지고 있는 무조건적인 반응이다. 평소에는 종을 쳐서 소리를 내도 개는 침을 흘리지 않는다. 그런데 먹이를 줄 때마다 종을 치면서 주는 일을 반복하면, 그 이후에는 먹이 없이 종만 쳐도 개는 침을 흘리게 된다는 실험이다. 이런 개의 반응은 위에서 이야기한 '조건부 맛 기피' 혹은 '가르시아 효과'와 두 가지의 자극이 연합되어 일어난다는 공통점이 있지만, 몇 가지 측면에서는 다른 점이 있다. 파블로프 실험의 경우는 두 가지의 자극(먹이와 종소리)이 거의 동시에 가해져야 하는 반면, 가르시아 실험의 경우나 인간이 느끼는 '조건부 맛 기피'의 경우는 두 가지 자극(쥐의 경우 먹이와 방사선, 사람의 경우 음식과 고통)의 간격이 몇 시간 정도로 길어도 일어난다.

또한 파블로프 효과는 반복적인 학습으로 습득되는 반면, 가르시아 효과는 오직 한 번의 학습으로도 이루어진다. 파블로프 효과는 두 가지의 자극이 다시 분리되는 학습을 거치면 그런 현상이 사라지지만, 가르시아 효과의 경우는 그 현상이 평생 갈 수도 있다는 차이가 있다.

6장

맛은 어떻게 느끼나?

맛을 감지하는 부분은
혀 속 어디에
숨어있나?

음식물이 입속으로 들어오면, 음식물의 맛 분자들이 침 속에 녹아들고, 침에 녹은 맛 분자들은 혀의 미각 세포를 자극하고, 이 자극은 신경을 타고 뇌로 전달되어 뇌가 맛을 인지하게 된다. 혀에는 다섯 종류의 맛을 각각 감지하는 다섯 종류의 미각 세포가 존재한다. 이 다섯 종류의 미각 세포는 미뢰라고 불리는 맛봉오리 속에 위치해 있고, 미뢰는 혀 표면에 도돌도돌 나 있는 수많은 돌기의 표면에 점점이 박혀 있다. 맛 분자가 혀에 닿아서 뇌가 이를 인지하기까지의 과정을 살펴보기로 하자. 또한, 음식을 먹을 때 느끼는 감각적 요소는 맛(미각)뿐만 아니라, 냄새(후각)와 다른 요소들(삼차신경 감각)도 함께 동반된다는 이야기를 하였다. 그렇다면, 우리가 음식을 먹을 때 이들 여러 감각들이 어떻게 어우러져 풍미라는 종합적인 느낌을 만들어 내는지에 대해 살펴보기로 하자.

혀의 미세 구조

혀를 내밀어 거울에 비춰보면 수많은 작은 돌기들이 숲을 이루고 있는 것을 볼 수 있는데, 섯꼭지 보양을 한 이 돌기들을 유두돌기라고 부른다. 유두돌기는 생긴 모양에 따라 섬유형태, 버섯형태, 잎새형태, 성곽형태 등의 4가지 종류가 있다(그림 6.1). 이 중에 가장 수가 많은 것이 섬유형태 유두돌기인데, 우리 혀의 앞쪽 2/3에 해당하는 넓은 부분을 덮고 있다. 유독 이 유두돌기에만 미뢰가 없고, 나머지 3가지의 유두돌기들은 맛을 감지하는 미뢰를 가지고 있다. 미뢰가 박혀 있지 않은 섬유형태 유두돌기는 촉감을 느끼는 역할을 한다. 많은 수의 섬유형태 유두돌기들이 혀의 표면에 숲을 이루고 있는 가운데, 버섯형태 유두돌기는 섬유형태 유두돌기들 사이 사이에 끼어 위치해 있으며 혀의 앞쪽 끝부분에 분포해 있다. 반면, 잎새형태 유두돌기는 혀 뒤쪽의 양옆에 위치하고 있으며, 성곽형태 유두돌기는 혀 뒤쪽에 8~12개의 동심원이 일렬로 배열된 형태를 하고 있다. 동심원같이 보이는 모양을 자세히 들여다보면, 가운데 원형의 섬이 있고 그 원형 섬을 둘러싸고 있는 움푹 파인 도랑이 있다. 이는 마치 옛 성을 건축할 때 외적의 침입을 막기 위해 성 주위에 둘러 판 연못인 해자와 같은 형태를 하고 있어서 성곽형태의 유두돌기라고 불린다.

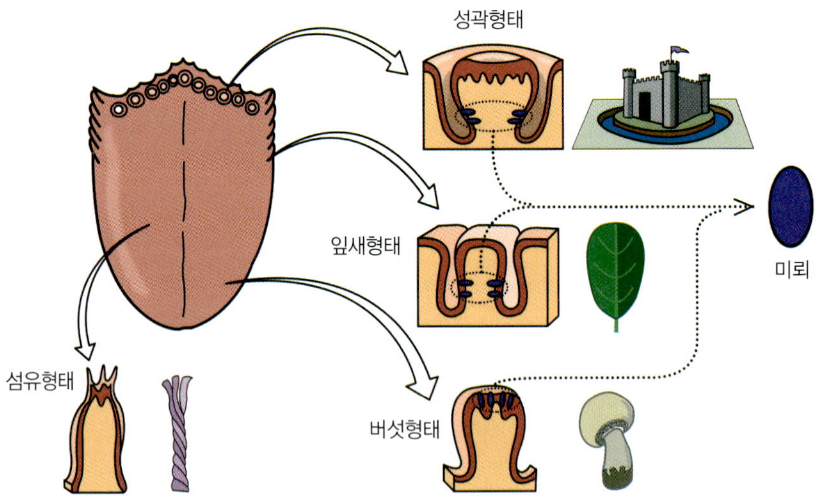

그림 6.1 네 가지 형태의 유두돌기

미뢰(맛봉오리)와 미각 세포

촉각을 담당하는 섬유형태 유두돌기를 제외한 나머지 3가지의 유두돌기의 표면에는 맛봉오리라고도 불리는 미뢰들이 점점이 박혀 있다(<그림 6.1>의 보라색 타원들). 미뢰는 꽃봉오리 모양을 하고 있는데, 매우 흥미롭게도 그 봉오리 속에 다섯 종류의 맛을 감지할 수 있는 다섯 종류의 미각 세포들이 모두 모여 있다(그림 6.2). 즉, 다섯 종류의 미각 세포가 따로따로 흩어져서 존재하는 것이 아니라 미뢰라는 봉오리 속에 오롯이 모여 있는 것이다. 따라서 각 미뢰들은 다섯 가지 맛을 동시에 감지할 수 있는 기능이 있는 '미각 기관'이다. 이런 미뢰들은 혀에 퍼져있는 3종류의 유두돌기 표면의 곳곳에 위치하고 있으며, 혀뿐만 아니라 입천

그림 6.2 미뢰(맛봉오리). 다섯 종류의 미각 세포가 미뢰 속에 들어 있고, 전담하는 각각의 신경이 각 맛 세포 별로 연결되어 있다.

장과 입의 뒤쪽 부분에도 분포하여 있다. 한때는 짠맛, 신맛, 쓴맛, 단맛, 감칠맛을 감지하는 혀의 부위가 각각 다르다고 여겨졌으나 이는 사실이 아니라는 것이 밝혀졌고, 다섯 가지 맛을 모두 감지할 수 있는 미뢰들이 혀의 전역에 퍼져있는 것으로 나타났다.

다섯 종류의 미각 세포 표면에는 각각의 맛을 감지하는 미각 수용체를 가지고 있다. 즉, 쓴맛 세포 표면에는 쓴맛 수용체를 가지고 있고, 단맛 세포 표면에는 단맛 수용체를 가지고 있는 식이다. 이들 미각 수용체는 2000년대에 들어서 비로소 밝혀졌다. 가장 먼저 발견된 미각 수용체는 쓴맛 수용체로서 2000년에 처음 발견되었다[1]. 앞에서 언급한 바와 같이 현재까지 밝혀진 인간의 쓴맛 수용체는 25가지나 된다. 이 중에 어떤 것들은 오직 한 종류의 쓴맛 물질하고만 결합하는 반면, 어떤 것들은 50가지 이상의 다양한 쓴맛 물질과도 결합한다. 바로 다음 해인 2001년에 단맛 수용체가 발견되었고[2], 또 바로 다음 해인 2002년에 우마미 수용체가 발견되었다[3]. 단맛 수용체와 우마미 수용체는 서로 다른 두 개의 수용체가 한 조를 이루어 기능을 한다는 것은 이미 앞에서 언급한 바가 있다. 그다음으로 2006년에 신맛 수용체가 발견되었고[4], 마지막으로 2010년에 짠맛 수용체가 발견되었다[5]. 신맛 수용체와 짠맛 수용체는 앞의 세 가지 수용체(쓴맛, 단맛, 우마미)와는 다른 형태인 이온 채널 단백질 형태라는 것도 앞에서 언급한 바 있다. 이상에서 알 수 있듯이, 5가지 맛에 대한 미각 수용체들이 2000년에서 2010년에 걸친 10년 동안에 밝혀지며, 미각에 대한 이해가 눈부시게 발전하였다. 그러나 이것이 미각 수용체의 모든 것은 아니고, 아직도 우리가 모르는 미각 수용체가 우리의 혀에 존재하고 있을 것으로 생각되고 있다.

미각 세포에 의한 신호 발생

다섯 가지 미각 세포들이 봉오리 속에 모여 있지만, 각각의 미각 세포들은 각자 자기가 담당하고 있는 맛을 감지하는 본분에 충실하여 신호를 보낸다. 즉, 쓴맛 세포는 쓴맛 분자와 결합을 하는 쓴맛 수용체를 표면에 가지고 있어서 쓴맛 분자가 이 수용체와 결합을 하면, 신호를 발생시키고 쓴맛을 알리는 신경과 연결되어 쓴맛이라는 신호를 뇌로 보낸다. 마찬가지로 단맛 세포는 표면에 단맛 수용체를 가지고 있어서 단맛 분자가 이 수용체와 결합하면, 신호를 발생시키고 단맛을 알리는 신경을 통해 단맛이라는 신호를 뇌로 보낸다. 즉, 다섯 종류의 미각 세포들은 자기가 담당하는 맛 분자가 수용체에 닿으면, 자신의 맛 신호를 뇌로 보내는 역할을 한다. 이는 마치 다섯 종류의 맛 세포 별로 전담하는 각각의 전기회로가 뇌와 연결되어 있는 양상을 하고 있다(그림 6.2).

맛 분자가 미각 세포 표면에 있는 미각 수용체와 결합을 하면, 미각 세포 내에서 일련의 반응이 진행된다. 단맛 미각 세포의 예를 살펴보기로 하자. 단맛 분자(예를 들어, 설탕 분자)가 단맛 수용체와 결합을 하면, 단맛 미각 세포 내에서 여러 단계의 반응들이 순차적으로 일어나서 결과적으로 ATP를 세포 밖으로 방출하게 된다. 이렇게 방출된 ATP는 신경전달물질로서 작용하여 이웃해 있는 신경세포를 자극함으로써 단맛이 감지되었다는 신호를 신경을 통해 뇌로 전달하게 된다[6]. 후각의 경우에는 후각 수용체를 표면에 가지고 있는 후각 수용체 세포 자신이 신경세포이어서 냄새 분자가 후각 수용체와 결합을 했다는 신호를 후각 세포 자신이 뇌로 보낼 수 있지만, 미각 세포의 경우에는 미각 세포 자신이 신경세포가 아니어서 인접해 있는 신경세포를 자극하여 신호를 뇌로 보낸다는 점에서 후각 세포와 차이가 있다.

뇌에 의한 맛의 인지

미뢰(맛봉오리) 속에 모여 있는 미각 세포에서 발생된 신호는 인접한 신경 세포를 자극하게 되고, 이렇게 자극된 신호는 7, 9, 10번 뇌 신경을 통해 뇌를 향하는 방향으로 전달된다. 뇌와 연결된 신경인 뇌 신경은 좌우 대칭으로 12쌍이 존재한다(그림 6.3).

1번 뇌 신경은 뇌의 전면과 연결되어 있고, 번호가 커질수록 순차적으로 뇌의 뒷부분과 연결되어 있다. 1번 뇌 신경은 후각 뇌 신경으로서 코가 있는 위치인 뇌의 앞쪽에 위치해 있는 반면, 미각 신호를 전달하는

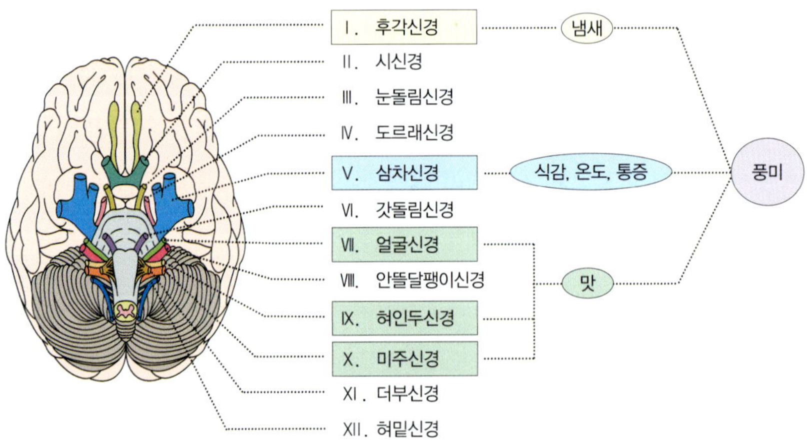

그림 6.3 열두 쌍의 뇌 신경

뇌 신경은 7, 9, 10번으로서 숫자가 의미하듯이 뇌의 후면 부분과 연결되어 있다. 미각 신호는 7, 9, 10번 뇌 신경을 통해 뇌의 바로 아랫부분에 있는 뇌줄기로 전달된다(그림 6.4). 이 신호는 다시 뇌줄기로부터 뇌의 시상으로 전달되고, 이 신호는 다시 대뇌 피질의 미각 부위로 전달되어 맛을 인식하게 된다. 음식을 먹을 때 입안에서 맛과 함께 느끼는 식감, 온도, 통증(매운맛) 등은 5번 뇌 신경인 삼차신경을 통해 뇌줄기로 전달되고, 이 신호는 다시 시상을 거쳐서 몸 감각을 관장하는 뇌의 부위로 전달되어 인식된다(그림 6.5). 이런 몸 감각을 느끼게 하는 세포들은 입안뿐만 아니라 입술과 코에도 분포하고 있다는 이야기는 이미 앞에서 언급한 바 있다. 이렇게 7, 9, 10번 뇌 신경을 통해 전달되는 음식의 맛, 1번 뇌 신경을 통해 전달되는 음식의 냄새, 5번 뇌 신경(삼차신경)을 통해 전달되는 음식의 식감, 온도, 매운맛 등이 모두 어우러져 음식에 대한 종합 느낌인 풍미를 느끼게 된다(그림 6.3).

맛 물질을 섭취하고 이를 뇌가 인지하는 반응과 관련하여 쥐를 이용

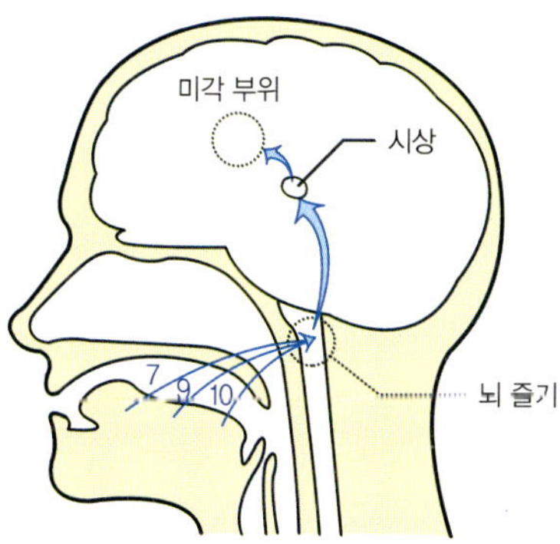

그림 6.4 혀에서 뇌로의 미각 신호 전달

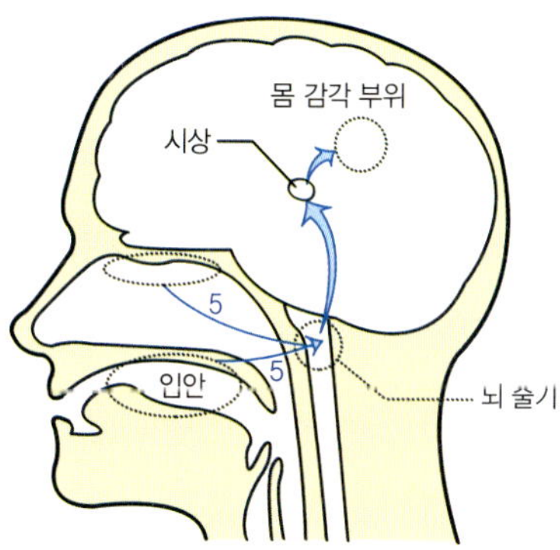

그림 6.5 입안과 코에서 뇌로의 몸 감각 신호 전달

한 흥미로운 실험들이 수행되었다. 쥐도 인간과 같이 태어날 때부터 단맛은 좋아하고 쓴맛은 싫어하는 특성을 가지고 있다. 그리하여 단맛 물질을 주면 좋아하며 삼키고, 쓴맛 물질을 주면 안 먹고 회피하는 행동을 보인다. 이런 특성을 기반으로 하여 쥐의 행동을 관찰하였다. 먼저 쥐의 단맛 세포에 있는 단맛 수용체를 유전공학적 기법을 사용하여 다른 수용체로 교체하였다. 여기서 단맛 수용체 대신 교체한 다른 수용체는 예를 들어, 'a'라는 분자와 결합하는 수용체라고 하자. 이 실험에 사용된 a 분자는 아무 맛도 안 나는 분자이다. 이렇게 수용체가 교체된 쥐에게 a 분자를 먹게 하였더니 평소에는 아무 맛을 느끼지 못하는 a 분자를 마치 단맛 물질을 먹는 것처럼 좋아하는 반응을 보였다[7]. 다음으로는 쓴맛 세포에 있는 쓴맛 수용체 대신에 'a'와 결합하는 수용체로 교체하였더니 a 분자를 마치 쓴맛 물질 대하듯 회피하는 반응을 보였다. 더 단적인 예로, 단맛 세포에 있는 단맛 수용체 대신에 쓴맛 수용체로 교체하였더니 쓴맛 물질을 주었는데도 마치 단맛 물질을 먹듯이 좋아하며 먹었다[8]. 쓴 분자로 자극을 하였음에도 불구하고 그 자극된 세포는 단맛 회로를 통해 뇌와 연결되어 있기 때문에 단맛을 느끼고 좋아하는 양상을 나타낸 것이다. 이런 사실들을 종합해 보면, 맛의 자극에 대해 뇌가 인지하는 것은 맛 분자 자체나 맛 수용체가 아니라 각 미각 세포가 뇌로 전달하는 신호라는 것을 의미한다[9].

이 이야기는 음식이 없어도 미각 세포만 자극할 수 있으면, 뇌가 맛을 느끼게 된다는 것을 의미한다. 즉, 전자 음식이라는 공상과학 소설에 나올법한 생각을 할 수 있다. 칼로리가 높은 단맛의 음식을 실제로 섭취하지 않으면서도 단맛을 느끼게 하는 것이 이론적으로는 가능하다. 그러나 이런 전자 음식은 아직은 실현할 수 있는 기술이 있는 것은 아니며, 현실적으로는 음식물을 통해 단맛 수용체와 결합함으로써 단맛 세포를 자극하여야 뇌가 단맛을 느끼게 된다. 즉, 칼로리가 낮으면서도 단맛 수용체와 결합하는 물질을 찾는 것이 현재로서는 현실적인 방법이다. 다이어트 음료에서 단맛을 내는 물질인 아스파탐이 그런 예이다. 따라서 단맛을 내는 물질을 자연계에서 찾거나 실험실에서 인위적으로 합성하기 위해서는 미각 수용체를 측정 도구로 사용할 수밖에 없고, 이런 관점에서 미각 수용체는 매우 중요한 관심의 대상이다.

후각과 협업하는 미각

맛 물질마다 그 맛을 느끼기 위한 최소한도의 농도가 존재하고 이를 '한계 농도'라 한다. 즉, '한계 농도' 이상의 농도가 되어야 그 물질의 맛을 느낄 수 있는 것이다. 그런데 흥미로운 것은 두 가지 혹은 그 이상의 여러 가지 맛 물질과 함께 섞여 있는 경우에는 한계 농도보다 낮은 경우에도 그 맛이 느껴진다는 것이 실험적으로 관찰되었다[10]. 한계 농도 보다 낮은 경우에는 각각의 물질 하나하나에 대한 맛을 느낄 수는 없지만, 이들이 섞여 있는 경우에는 그 물질들의 맛이 느껴진다는 이야기이다. 이는 맛 물질들끼리 맛을 증강시키는 효과를 나타낸다는 것을 의미한다. 반면에 맛과 냄새 간에도 이런 증강 효과가 존재한다. 한계 농도 이하의 맛 물질과 한계 농도 이하의 냄새 물질을 각각 맛보거나 냄새를 맡으면 감지할 수 없는데, 이들을 함께 맛보며 냄새를 맡으면 그 맛과 냄새가 느껴진다. 모든 경우에 그런 것은 아니고, 서로 '궁합'이 맞는 경우에는 이런 결과가 얻어진다.

우리가 음식을 즐길 때 혀를 통해 느끼는 맛과 더불어 음식의 휘발성 물질이 입안에서 콧속으로 유입되는 경로에 의한 역방향 후각을 통해 느끼는 냄새가 매우 중요한 부분을 차지한다는 이야기는 이미 앞에서 기술한 바가 있다. 그런데 단순히 음식의 맛과 냄새가 독립적으로 따로따로 뇌에 전달되는 것이 아니라 서로 시너지 효과를 발휘함으로써 보다 풍부한 느낌을 만들어 낸다는 것이 관찰되었다. 해당 음식의 맛만 느끼게 한 경우에 뇌가 활성화되는 부분을 관찰하고, 다음으로 같은 음식의 냄새만 느끼게 한 경우에 뇌가 활성화되는 부분을 관찰하였다. 이런 경우에는 예상했던 바와 같이 전자의 경우에는 뇌의 미각을 관장하는 부위가 활성화되었고, 후자의 경우에는 뇌의 후각을 관장하는 부위가 활성화되었다. 그런데 우리가 평소에 음식을 먹을 때 느끼는 상황과 같이 이 음식의 맛과 냄새를 동시에 느끼게 하고 관찰하였더니 이전에 관찰되었던 미각 부위와 후각 부위 이외의 다른 부위도 활성화되는 것이 관찰되었다[11]. 이는 우리가 음식을 먹으며 이에 대한 맛과 냄새를 느끼는 것은 단순히 이 음식의 맛 느낌과 냄새 느낌만이 아니라 맛과 냄새가 어우러져서 더욱 풍요로운 느낌을 만들어 내는 것으로 여겨진다.

음식을 먹을 때 느끼는 역방향 후각뿐만 아니라 콧구멍을 통해 냄새를 맡는 정방향 후각도 미각과 협업하여 시너지 효과를 낸다는 사실을 뒷받침해주는 흥미로운 실험들이 있다. 미국 필라델피아에 위치한 모넬 화학감각센터에서 진행한 실험의 예를 살펴보기로 하자[12]. 이들은 실험 참가자들에게 각각 두 개씩의 병을 나누어 주었고, 두 병에는 냄새가 없는 맑은 액체가 담겨 있다. 두 병 중에 한 병에는 냄새가 없는 용액을 조금씩 첨가해 나가고, 다른 병에는 아몬드–체리 향을 내는 용액을 조금씩 첨가해 가며 냄새를 맡게 하였다. 처음에는 아몬드–체리 향을 첨가한 병에서도 냄새를 맡을 수 없을 정도의 낮은 농도에서부터 시작하여 점점 더 농도를 높여가며 피험자들에게 냄새를 맡게 하였다. 향 용액을 점점 더 첨가함에 따라 향의 농도가 한계 농도 이상이 되면 피험자들은 그 향을 첨가한 병에서 냄새를 맡게 될 것이다. 미각과 후각의 협업이 이루어지는 것을 관찰하기 위해 위와 같은 방법으로 냄새를 맡는 피험자들을 네 그룹으로 나누어 진행하였다. 그룹1은 입에 아무것도 넣지 않은 그룹, 그룹2는 입에 물을 머금고 있게 한 그룹, 그룹3은 입에 MSG 조미료 용액을 머금고 있게 한 그룹, 그룹4는 입에 사카린 용액을 머금고 있게 한 그룹으로 나누었다. 이때 입에 머금은 용액에 포함된 조미료나 사카린의 농도는 한계 농도 아래의 매우 낮은 농도이어서 피험자들은 실제로 아무 맛이나 냄새를 못 느끼는 상태로 실험을 진행하였다. 실험 결과는 놀랍게도 다른 그룹들과 비교하여 사카린 용액을 머금은 피험자 그룹에서 아몬드–체리 향을 훨씬 더 강하게 느낀다는 결과가 얻어졌다.

같은 연구 그룹에서 이번에는 일본인들을 실험 참가자로 하여 동일한 실험을 수행하였는데, 이번에는 MSG 조미료를 입에 머금은 피험자 그룹에서 아몬드–체리 향을 훨씬 더 강하게 느낀다는 결과가 얻어졌다[13]. 이는 이전 실험과는 상반된 결과였다. 이런 결과는 일본인과 서양인의 식습관 차이에서 그 이유를 찾을 수 있다. 서양인들은 아몬드를 달게 하여 디저트로 먹는 것이 일반적인 반면, 일본인의 식탁에는 아몬드가 함유된 절인 조미료가 사용되는 문화에 기인하는 것으로 여겨진다. 이처럼 미각과 후각의 협업은 개인이 성장한 지역의 식탁 문화에 따라 상이하게 나타나며, 심지어는 엄마의 배 속에 있을 때부터 영향을 받고, 신생아와 어린아이들은 임신 중에 산모가 즐겨 먹은 음식에 높은 선호도를 보이는 것으로 나타났다[14]. 어렸을 적 어머니가 해주셨던 음식이 성년이 되어도 그리워지고, 그 음식이 가장 맛있는 음식으로 평생 각인 되는 것도 이와 같은 맥락으로 이해될 수 있을 것이다.

여러 감각들과 협업하는 미각

우리가 음식을 먹을 때 느끼는 풍미는 미각과 후각 이외에도 다른 여러 가지 감각이 복합적으로 작용을 한다는 이야기를 하였다. 그런데 이미 후각과 미각의 협업에서 보았듯이 풍미와 관련된 감각들이 자극되어 느껴질 때 각각 독립적으로 작용하여 더해지는 단순한 합산 형식이 아니라 관련된 감각들이 상호작용을 하여 서로에게 영향을 미치는 형태로 작용을 한다. 삼차신경 감각에 속하는 음식의 매운맛, 온도, 점도 등이 미각 및 후각과 상호 간에 어떤 영향을 미치는지를 살펴보기로 하자[10].

매운 음식을 먹을 때 차가운 물을 마시면 통증이 덜해지는 반면, 뜨거운 물을 마시면 통증이 더해진다. 이는 온도가 높을수록 매운 통증을 증가시키고, 낮은 온도는 매운 통증을 경감시키는 작용을 한다는 것을 의미한다. 거꾸로 매운 것으로 먹으면 더위를 더 느끼게 하고 추위를 경감시켜 준다. 전자는 온도가 매운 통증에 영향을 미치는 예이고, 후자는 매운 통증이 온도 감각에 영향을 미치는 예이다. 매운맛 통증은 맛에 대한 민감도를 저하시키고 맛의 구별도 둔감하게 한다. 또한, 매운맛은 냄새에 대한 민감도도 저하시킨다. 매운 음식의 냄새를 맡으면 재채기가 나는데, 이때 다른 냄새를 함께 맡으면 음식의 매운 냄새를 경감시키는 효과가 있다.

음식의 온도가 높으면 음식에 들어 있는 휘발성 물질의 휘발을 더욱 촉진 시키고, 맛 성분의 유출도 증가하여 미각 세포를 더욱 강하게 자극하므로, 음식의 향과 맛이 강해진다. 이는 뜨거운 커피의 향을 즐기고, 구워 먹는 고기가 맛있는 이유이기도 하다. 또한, 온도는 음식의 질감에도 영향을 미쳐서 같은 음식일지라도 온도에 따라 다른 식감을 느끼게도 한다. 맛은 촉감에 따라 느껴지는 점도와도 상호 작용을 하는 것으로 나타났다. 단맛은 음식의 점도를 더 높게 인식하게 하지만, 신맛은 점도를 더 낮게 느끼게 한다. 이는 맛에 따라 점도가 다르게 느껴지는 예이다. 반면, 점도에 따라서 냄새의 강도가 다르게 느껴지기도 한다. 점도가 높으면 음식물로부터 냄새 성분이 떨어져 나오기가 더 어렵기 때문이다.

시각과 청각이 풍미에 미치는 영향

이상에서 살펴보았듯이 미각은 후각 및 삼차신경 감각과 어우러져 복합적으로 협업을 하며 풍미를 생성해 낸다. 그런데 이뿐만 아니라 음식과 음료를 섭취할 때, 시각과 청각도 한몫을 한다는 것이 알려져 있다. 먼저 시각적 요소가 미치는 영향에 대해 살펴보자. 단순히 음식의 색깔만 변화시키더라도 이것이 음식의 맛과 풍미에 영향을 미친다는 현상을 처음으로 보고한 것은 모이어Moir의 실험으로 여겨진다[15]. 모이어는 저녁 식사를 위해 풍미 관련 학회의 연구자들에게 뷔페식으로 음식을 마련하였다. 그런데 제공된 음식의 색깔을 일반적인 색깔과는 다르게 하여 음식을 제공하였다. 이렇게 마련된 음식의 색깔에 대해 몇몇 참가자들은 식사 중에 불평을 토로하였고, 몇몇 사람들은 식사 후에 몸이 안 좋은 것을 느꼈다고 하였다. 모든 음식들의 경우에 맛, 냄새, 식감 등에 있어서는 전혀 문제가 없고 단지 색깔만 다르게 하여 제공하였는데도 이런 결과를 얻었다.

또 다른 예로, 어떤 짓궂은 사람이 친구들을 저녁 식사에 초대하였다. 그런데 특이하게도 식사 장소의 불빛은 음식을 간신히 분간할 수 있을 정도로 어두웠다. 식사가 어느 정도 진행된 후에 불빛이 환하게 밝혀졌는데, 이때 식사를 하던 사람들은 음식의 색깔을 보고 깜짝 놀랐다. 스테이크는 파란색, 칩은 녹색, 콩은 빨간색이었다. 많은 사람들은 속이 안 좋다고 호소하기 시작하였고, 몇몇 사람들은 화장실로 곧장 달려가는 사람들도 있었다. 우리에게 잘 알려진 영화감독인 히치콕도 종종 사람들을 초청하여 파란색 음식을 대접함으로써 초청받은 사람들을 불편하게 하였다고 전해진다[16].

음식 자체의 색깔뿐만 아니라, 음식을 제공하는 용기의 색깔도 음식의 풍미에 영향을 미치는 것으로 나타났다. 식후에 디저트를 제공할 때, 디저트를 올려놓은 접시의 색깔이 맛에 영향을 주기도 한다. 빨간색의 얼은 딸기 무스를 디저트로 제공할 때, 검은색 접시를 사용할 때보다 흰색 접시에 올려서 제공할 때, 이 디저트를 더 달고 더 맛있게 느끼는 것으로 관찰되었다[17]. 또한, 코코아를 마실 때 흰색의 컵보다는 오렌지색의 컵으로 마시는 것이 더 강한 맛을 느끼게 한다는 보고도 있다[18]. 대중들에게 인기 있는 음료 제품의 경우에는 단지 음료 캔 색깔만 바꿨는데도 음료 맛이 달라졌다고 음료 회사에 불평을 토로하는 고객들이 있다는 이야기도 있다.

시각은 후각적 판단에도 영향을 미치는데, 이에 대한 단적인 예로서 와인 색깔이 와인의 향을 판단하는 데 커다란 영향을 미치는 것을 보여주는 사례들이 있다[19]. 프랑스 대학에서 와인을 전공하고 있는 학생들에게 두 가지 와인의 향을 맡게 하고 각각의 향을 적절히 표현하는 단어들을 적게 하는 실험을 하였다. 그런데 사실은 두 가지 와인은 동일한 백포도주인데, 두 번째 와인에만 무취의 붉은 색소를 첨가하여 색깔이 마치 적포도주처럼 보이게 하고 실험을 하였다. 이에 대해 학생들은 두 가지 와인의 향에 대해 사뭇 다르게 기술하였다. 첫 번째 와인에 대해서는 주로 백포도주 향과 관련된 단어들을 적었고, 두 번째 와인에 대해서는 주로 적포도주의 향과 관련된 단어들을 적었다. 다음으로 세 번째 와인의 향을 맡게 하고, 이 와인의 향을 가장 잘 표현하는 단어를 고르라고 하였다. 세 번째 와인도 동일한 백포도주에 두 번째와 같이 붉은 색소를 첨가하여 마치 적포도주같이 보이게 한 것이었다. 놀랍게도 대부분의 학생들이 적포도주의 향과 관련된 단어를 선택하였다. 이런 현상은 학생들뿐만 아니라 와인 전문가들에게서도 비슷한 결과가 일어났다. 또 다른 예로, 체리 향의 음료에 색소를 첨가하여 색깔을 다르게 하고 마시게 하면 다른 음료로 착각하는 현상을 관찰할 수 있었다. 이 음료를 녹색을 띠게 한 후에 마시게 하면, 이 음료는 라임 음료라고 답하는 반면, 오렌지색을 띠게 하고 주면 오렌지 음료라고 답하였다[20]. 이런 결과들은 후각보다는 시각을 더 신뢰하는 데서 기인하는 현상이 아닌가 싶다.

청각이 풍미에 미치는 영향은 미각보다 그리 크지는 않지만, 청각 또한 중요한 영향을 발휘한다는 것이 밝혀졌다. 요즈음은 음식을 먹을 때, 먹는 소리를 내지 않고 조용히 먹는 것이 식사 예절이지만, 한때는 후루룩 소리를 내며 먹는 것이 음식을 제공한 사람에게 음식이 맛있음을 표하는 예의였다. 음식을 먹을 때 나는 소리는 음식의 풍미를 한층 높여 준다. 사과나 배를 베어 먹을 때 나는 아삭아삭한 소리는 과일의 신선함을 한층 더 느끼게 하고, 감자 칩을 씹을 때 나는 바삭바삭한 소리는 갓 튀겨진 느낌을 느끼게 한다. 감자 칩을 씹을 때 나는 소리가 실제로 풍미에 어떤 영향을 미치는지에 대한 실험을 수행하였다[21]. 이를 위해 피험자에게 헤드폰을 쓴 채로 마이크 앞에 앉아서 감자 칩을 씹게 하였다. 피험자가 감자 칩을 씹으면 그 소리는 마이크로 들어가서 헤드폰을 통해 피험자의 귀로 전달되어 피험자가 들을 수 있도록 하였다. 자기가 씹고 있는 소리를 헤드폰을 통해 듣는 것이다. 그런데 이 실험에서의 중요한 포인트는 헤드폰으로 들어가는 소리의 크기와 주파수를 변형시켜서 실제 소리와는 다른 소리를 피험자가 듣게 하고, 피험자가 느끼는 감자 칩의 신선도와 바삭거림의 정도를 표현하게 하였다. 실제로 피험자에게 주어진 감자 칩은 동일한 품질의 감자 칩임에도 불구하고, 피험자가 느끼는 감자 칩의 신선도와 바삭한 정도는 피험자가 들은 소리에 따라서 다르게 느끼는 결과를 보여 주었다. 소리가 크고 주파수가 높을수록 신선도도 높고 바삭거리는 질감도 높게 느끼는 것으로 나타났다.

이상에서 보았듯 맛은 후각 및 삼차신경 감각뿐만 아니라 미각과 청각과도 함께 어우러져 복합적인 느낌을 느끼게 한다. 우리가 음식에서 풍미를 느끼는 것은 마치 오케스트라의 다양한 악기들이 내는 소리가 어우러져 풍성한 소리를 만드는 것처럼 우리 몸의 오감인, 시각, 청각, 촉각, 후각, 미각이 모두 어우러져 우리에게 최대한의 행복감을 선사하고 있다.

7장

냄새와 맛의 측정은 가능한가?

새로운 과학을 정립하려는
야망을 가지고 있다면,
냄새를 측정하라.

알렉산더 그레이엄 벨

'코가 아는 것What the nose knows'이라는 제목의 책은 다음과 같은 문구를 제1장 맨 첫머리에 인용함으로써 시작하고 있다[1]. "냄새들이 서로 유사하다던가 차이가 난다는 것을 측정할 수 있을 때까지는 냄새의 과학을 이루었다고 할 수 없다." 알렉산더 그레이엄 벨Alexander Graham Bell, 1914은 우리가 잘 알고 있다시피 전화기의 발명자이고 미국의 대표적 전화 회사인 AT&T의 공동 창업자이기도 하다. 벨은 또 다음과 같은 말도 하였다. "새로운 과학을 정립하려는 야망이 있다면, 냄새를 측정하라." 벨이 벌써 100년 전에 했던 말들인데, 아직도 우리는 냄새를 측정하는 장비를 개발해 내지 못하고 있고, 오로지 사람의 코에 의존하고 있다. 냄새뿐만 아니라 맛의 측정도 역시 많은 부분을 사람의 혀에 의존하고 있다. 냄새와 맛을 사람의 코와 혀로 평가하는 방법을 우리는 '관능검사' 혹은 '관능평가'라고 부른다. 즉, 아직도 사람의 코와 혀를 대신할만한 측정 장치가 없다는 것이다.

영화 '리치리치Richie Rich'에는 '스멜 마스터 9000'이라고 부르는 냄새를 맡는 기기가 등장한다. '나 홀로 집에'라는 영화에서 주인공을 맡았던 아역 배우 '맥컬리 컬킨'이 이 영화에서는 재벌가의 상속자로 나오는데, 아버지의 재력으로 인해 세상 부러울 게 없는 소년이다. 그 집안에 고용된 괴짜 과학자가 발명해낸 냄새 맡는 기기를 사용하여 장미꽃 냄새도 맡고 와인 냄새도 맡아서 몇 년산 어느 지역 포도로 만든 와인인지도 알아낸다(그림 7.1). 이렇게 냄새를 맡을 수 있는 기능을 가진 핸드폰을 만들 수 있으면 좋겠다는 생각을 누구나 한 번쯤은 해보았을 것이다. 현재의 핸드폰은 우리의 오감 중에 3가지 감각의 기능이 있다. 우리 눈이 보는 정보를 핸드폰에 장착된 카메라가 잡아내고, 우리 귀가 듣는 소리 정보를 장착된 녹음기가 잡아낸다. 우리 손의 터치도 인식한다. 그런데 나머지 2개의 감각인 냄새를 맡거나 맛을 보는 기능은 가지고 있지 못하다. 이번 장에서는 '왜 아직도 사람의 코와 혀를 대신하여 냄새를 맡고 맛을 보는 장비를 우리는 만들지 못하고 있는가?'라는 의문과 '이와 같은 장비를 어떻게 만들 수 있을까?'라는 과학적 근거에 대해 알아보기로 한다.

그림 7.1 냄새 맡는 장비가 등장하는 영화 '리치리치'의 한 장면

냄새의 측정은 왜 어려운가?

우리 주위에는 측정하고자 하는 수많은 대상들이 있다. 쉽게 생각할 수 있는 것들로는 길이, 무게, 부피, 시간 등이 있고, 인간의 감각과 관련된 것들로는 색깔(시각), 소리(청각), 압력(촉각) 등이 있다. 이와 같은 대상들은 측정 방법들이 잘 개발되어 있다. 그런데 유독 냄새와 맛의 경우에는

우리의 코와 혀를 사용하는 관능적 방법 이외에는 측정 방법이 딱히 없는 실정이다. 냄새의 경우에 다른 측정 대상들과 다른 가장 큰 차이점은 측정을 위한 기준점이 없다는 것이다. 우리가 측정 대상으로 하는 것들에는 기준이 있다. 길이의 예를 보면, 길이를 측정하는 단위가 여러 종류가 있지만 각 단위의 경우에 그 비교의 기준을 정해놓고 그에 대한 상대적인 값으로 길이를 측정한다. 지금은 국제적 표준을 정하는 국제적 조직이 결성되어서 전 세계적으로 통일된 기준을 사용하고 있지만, 그렇지 못했던 시대에는 각자의 기준을 마련하고 그에 의거하여 측정을 하였다. 예를 들어, 야드yard라는 단위는 '앞으로나란히' 자세 같이 오른손을 앞으로 쭉 뻗쳤을 때, 코끝으로부터 오른손 가운뎃손가락 끝까지의 거리를 1야드로 정하고, 그에 대한 상대적인 크기로 측정을 하였다. 이 길이가 사람마다 다를 수 있으므로 그 나라 왕이 취한 자세를 기준으로 정하였다. 인치inch는 엄지손가락 너비, 피트feet는 발의 길이 등으로 기준을 정하고 사용하였다. 이제는 길이, 무게, 시간 등의 국제적 기준을 정해놓고, 그에 의거하여 사용하고 있다.

도량형뿐만 아니라 다른 감각들의 경우에는 측정 가능한 기준들이 마련되어 있다. 시각의 경우, 우리가 눈으로 보는 색깔들을 그 색깔을 내는 빛의 파장으로 나타낼 수 있고, 청각의 경우에는 우리가 듣는 소리를 파장 혹은 주파수로 나타낼 수 있다. 촉각의 경우에도 압력으로 표시가 가능하다. 인간의 오감 중에 위의 3가지 감각은 물리적 감각으로서 이와 같이 물리적 지표를 사용한 측정이 가능하다. 반면에 나머지 2개의 감각인 후각과 미각은 화학적 감각으로서 그 측정이 쉽지 않다. 냄새의 경우에는 비교할 대상으로서의 기준조차 없는 셈이다. 냄새를 측정하기 위한 기준점이 없다는 것이 냄새의 측정을 더욱 어렵게 한다.

그렇다면 우리는 코로 냄새를 맡고 판단할 때, 무엇을 비교할 대상으로 하여 판단을 하는가? 우리는 냄새를 코로 맡고 최종적인 판단은 뇌가 한다. 지금 맡는 냄새를 판단할 때, 우리의 뇌는 과거에 경험했던 기억을 비교할 대상으로서의 기준으로 삼는다. 3장에서 살펴보았듯이 후각 망울 속의 사구체들이 만들어낸 패턴인 외부 정보를 뇌에 저장해서 가지고 있는 기억과 비교하여 냄새 느낌을 생성한다. 즉, 뇌에 저장되어 있는 기억이 바로 비교할 대상이다. 3장의 <그림 3.1>에서 보았듯이 민트 잎사귀 냄새를 맡고 이를 판단할 때, 민트 식물 냄새를 맡아 보았던 사람은 그 기억을 기준으로 하여 민트 식물 냄새로 판단을 하고, 그 냄새를 치약에서만 맡았던 기억이 있는 사람은 같은 냄새를 치약 냄새로 판단한다. 민트 잎사귀에서 나는 냄새는 콧속으로 들어와 1차적으로 후각 망울에서 패턴 정보를 생성하고, 그 정보는 뇌의 후각 피질로 이동하여 뇌에 저장해 있는 과거 기억과 비교하는 과정을 거친다. 이때, 나의 뇌에는 이 냄새가 치약 냄새로 저장이 되어 있었기 때문에 내 뇌는 민트 잎사귀에서 나는 냄새를 치약 냄새로 판단하게 된 것이다. 이렇게 각자가 가지고 있는 기억이 기준점이 되기 때문에 그 판단에 주관적 요소가 개입될 수밖에 없다. 우리가 길이를 측정할 때 단순히 기억에 의존하여 측정하지는 않는다. 그렇게 측정하면 눈대중으로 측정했다고 하고, 이는 정확한 측정이 될 수가 없다. 그런데 냄새는 우리의 코와 뇌를 사용하여 기억을 기준점으로 하여 측정할 수밖에 없는 것이 현실이고, 이런 측정 방법을 관능적 측정 방법이라고 한다.

측정 대상으로서의 냄새가 다른 측정 대상들과 다른 또 하나의 특이한 점은 농도에 따라서 냄새가 다른 냄새로 변하기도 한다는 것이다. 즉, 단순히 냄새의 세기만 증가하는 것이 아니라 아예 다른 느낌의 냄새로 변하기도 한다는 것이다. 냄새 이외의 다른 측정 대상들은 강도나 세기가 커지더라도 자신의 정체성은 그대로 유지된다. 예를 들어, 맛의 경우에도 설탕물의 농도가 높아지면, 단맛의 세기는 증가하지만 단맛이라는 정체성을 잃어버리지는 않는다. 짠맛의 경우에도 소금물의 농도에 따라 짠맛의 세기가 증가하지만 다른 맛으로 변하지는 않는다. 그런데 냄새의 경우에는 농도가 증가함에 따라 다른 냄새로 변하는 경우가 발생하기도 한다. 앞에서도 언급한 바 있지만, '인돌'의 경우가 그 대표적인 예로, 낮은 농도에서는 재스민 꽃향기를 내지만 농도가 높아지면 대변 냄새에 가까워진다. 또 다른 예로 '칼론'은 향수 제조에 사용되는 성분인데, 낮은 농도에서는 바닷가 향취를 느끼게 하는 상쾌한 냄새를 풍기는 반면, 농도가 높아지면 바닐라 향의 냄새로 변한다. 대부분의 황화물의 경우에도 농도가 낮을 때는 기분 좋은 냄새를 내지만 농도가 높아지면 역한 냄새로 변한다. 냄새의 정보는 점묘화 패턴이라는 이야기를 제3장에서 하였다. 같은 냄새 물질이라도 농도가 낮을 때 만들어 내는 점묘화 패턴과 농도가 높을 때 만들어 내는 패턴이 변하면 우리의 뇌는 이를 다른 냄새로 인식하게 되는 것이다.

장미꽃 향의 경우에 그 구성 성분이 300가지가 넘는다고 알려져 있으며, 생활 속에서 맡는 대부분의 냄새는 단일 성분이 아니라 여러 가지 성분이 포함되어 있다. 그런데 이들 성분은 휘발성에 차이가 있으므로 휘발성이 큰 물질들이 먼저 우리 콧속의 후각 기관에 도달하여 냄새 정보를 전달하고, 휘발성이 낮은 물질은 그 이후에 후각 신경을 자극하게 된다. 향수를 제조할 때도 이런 점을 고려하여 성분들을 혼합하게 된다. 가장 먼저 휘발하는 성분을 헤드 노트head note, 그다음에 휘발하는 성분을 하트 노트heart note, 가장 오래 유지 되는 성분을 베이스 노트base note라고 한다. 헤드 노트는 탑 노트top note라고도 하며, 향수를 뿌린 후 10분 전후에 맡을 수 있는 향이다. 하트 노트는 미들 노트middle note 혹은 소울 노트soul note라고도 하며, 30분 이후에 맡을 수 있는 향이다. 베이스 노트는 바텀 노트bottom note 혹은 라스트 노트last note라고도 하며, 3시간 정도 후에 맡을 수 있는 향이다. 냄새의 측정을 위해서는 이와 같이 냄새가 시간에 따라서 달라지는 특성도 고려될 필요가 있다.

맛의 측정은 왜 어려운가?

냄새와 맛의 차이는 기본적으로 측정 대상 물질이 냄새는 기체 상태의 물질이고, 맛은 액체 상태로 녹아있는 물질이라는 차이가 있다. 약 400개의 후각 수용체가 만들어 내는 조합 정보인 냄새를 측정하는 것과 비교하면, 맛의 측정은 주요한 5가지 맛을 대상으로 하므로 그래도 조금은 나은 편이다. 5가지 맛 중에 신맛과 짠맛은 그 맛을 내는 대상 성분이 무엇인지를 우리가 알고 있으므로 측정이 비교적 용이하다. 신맛은 H^+ 이온 농도이므로 이미 우리가 실험실에서 사용하는 pH 미터를 사용하여 측정할 수 있다. 짠맛은 Na^+, K^+ 등의 이온이 내는 맛이라는 것을 알고 있으므로 이들 농도를 이온 분석 장치를 사용하여 측정하면 된다. 그러나 나머지 3가지 맛인 쓴맛, 단맛, 감칠맛 경우에는 그 측정이 쉽지 않다. 냄새 물질의 화학적 분자 구조를 가지고 냄새를 예측할 수 없듯이 맛의 경우에도 맛을 내는 물질의 분자 구조를 가지고 맛을 예측할 수 없다.

쓴맛의 경우에서 수용체의 종류가 25가지나 되어 이 중에 어느 수용체와 반응을 하여도 쓴맛을 내기 때문에 다양한 구조의 물질들이 쓴맛을 낼 수 있는 가능성이 있다. 우리가 알고 있는 단맛을 내는 물질을 보더라도 분자 구조도 사이즈도 천차만별인 것을 이미 앞에서 살펴보았다. 이 이야기는 맛도 냄새와 마찬가지로 화학적 분석 방법을 통해서는 측정할 수 없다는 것을 의미한다. 냄새의 경우에는 측정을 위한 기준점인 비교 대상이 없다는 이야기를 하였지만, 그래도 이들 3가지 맛의 경우에는 비교 대상이 되는 기준 물질들은 마련되어 있다. 즉, 단맛의 경우에 설탕의 단맛과 비교할 수 있고, 감칠맛은 우리가 잘 아는 조미료인 MSG(글루탐산 나트륨)와 비교할 수 있고, 쓴맛의 경우에는 퀴닌의 쓴맛과 비교할 수 있다. 그러나 이 세 가지 맛의 경우에 비교 대상 물질이 있더라도 결국 그 비교는 관능적 방법을 통해 사람의 혀로 비교해야 하는 실정이다.

관능적 측정 방법의 어려움

위에서 기술한 것과 같은 어려움으로 인해 현재까지도 냄새와 맛의 측정은 사람의 코와 혀에 의존하는 관능적 방법이 사용되고 있다. 이처럼 사람의 코와 혀로 측정하는 방법에는 여러 가지 어려움과 한계가 있을 수밖에 없다는 것을 우리는 쉽게 짐작할 수 있다. 첫 번째 문제는 냄새와 맛을 표현할 수 있는 용어가 제한되어 있다는 점이다. 냄새와 맛을 표현하는 방법과 그와 관련되어 알고 있는 단어의 수도 사람마다 다르고, 동일한 냄새와 맛에 대해서도 사람마다 그것을 표현하는 어휘가 다를 수 있다. 그리하여, 관능평가를 위해서 가장 먼저 받는 훈련이 냄새와 맛에 대한 적절한 표현을 위한 어휘를 습득하는 일이다. 함께 평가를 진행하는 그룹 내에서는 동일한 표현을 사용해야 함은 물론이다. 다른 연구 그룹 간에도 용어를 일치시켜야 하는 것은 아직도 숙제로 남아 있는 일이다. 두 번째 문제는 특히 냄새의 경우에는 사람마다 각기 다른 주관적인 측면이 있다는 점이다. 사람 간에 존재하는 후각 수용체 유전자의 차이뿐만 아니라 내재적인 경험과 기억의 차이도 있다. 앞에서도 언급한 바와 같이 냄새 느낌은 코로 유입된 냄새 물질이 제공하는 '외부 정보'가 각자의 뇌에 이미 가지고 있는 '내부 정보'와 비교되고 어우러져 나오는 결과물이기 때문에 주관적 요소가 존재할 수밖에 없다. 따라서 주관적 인자를 최소화하기 위해 평가자 그룹의 데이터는 적절한 통계 처리 과정을 거쳐서 해석된다.

냄새와 맛의 측정에 대한 정량적 요소

냄새와 냄새 간의 차이와 맛과 맛 사이의 차이를 구별하는 것은 이들 측정에 대한 정성적인 요소이다. 맛의 경우를 예를 들면, 이 맛이 단맛인가 짠맛인가를 구별하는 것은 정성적인 요소이고, 단맛이면 얼마나 단지 그 세기를 측정하는 것은 정량적인 요소이다. 맛의 경우에는 그 정성적 요소가 비교적 분명하고, 정량적 측정을 위한 비교 대상 물질이 있으므로 냄새에 비해서는 정량적 측정도 비교적 용이한 편이다. 반면에 냄새의 경우에는 정성적인 요소를 측정하는 것조차도 매우 어려운 실정이라는 것을 이미 앞에서 기술하였다. 상대적으로 어려운 냄새의 측정을 위해서는 어떤 정량적 요소가 있는지를 살펴보기로 하자. 정량적 측정도 현재로서는 사람의 코에 의존하는 관능적 방법으로 측정되며, 그 정량적 요소로서 냄새의 한계값, 세기, 지속도 등이 있다[2].

어떤 냄새의 '한계값'에는 두 종류의 한계값이 있는데, 그 냄새를 감지할 수 있는 가장 낮은 농도를 의미하는 한계값과 그 냄새를 인지하여 무슨 냄새인지 표현할 수 있는 농도의 한계값이 있다. 전자는 단순히 뭔가가 느껴지는 상태의 농도 값이고, 후자는 어떤 냄새인지를 명확히 알 수 있는 농도로서 전자보다 높은 농도 값이다. 이 한계값들은 사람에 따라서 다르므로 여러 사람에 대한 평균값이 사용된다. 한계값을 x축으로 하고, 그 한계값을 가지는 사람의 수를 y축으로 하여 그래프를 그리면, 일반적으로 가우스 분포를 나타낸다. 이 가우스 분포의 평균값을 한계값으로 사용하는 방법이 있고, 또 다른 방법으로는 x축을 농도로 하고, y축을 감지 가능한 확률로 하여 그래프를 그리는 방법이다[3]. 여기서 감지 가능한 확률이라 함은 냄새 물질이 없는 샘플과 여러 가지 농도의 냄새 샘플들을 가지고 시험자들에게 냄새를 맡게 하고, 냄새 물질이 있는 샘플인지 아닌지를 알아맞히게 하는 확률이다. 이와 같은 여러 종류의 냄새에 대해 이와 같은 그래프를 그리면, 각 냄새마다 다른 크기의 기울기를 가지는 시그모이드 형태의 커브를 그리는 것으로 나타났다. 한계값을 예측하기 위한 수학적 모델식들도 개발이 되었는데, 이 모델식에 포함되는 주요 변수들은 휘발성 및 소수성 인자들과 연관이 있는 것으로 나타났다[4].

냄새의 세기는 한계값보다 측정이 더 어렵다. 한계값은 냄새를 맡을 수 없는 매우 낮은 농도에서부터 농도를 높여가며 실험을 하여 피험자가 맡을 수 있는 농도를 정하면 되지만, 냄새의 세기는 기준으로 설정된 냄새의 세기와 비교하여 그 정도를 정량적으로 표현해야 하므로 관능적 측정 훈련을 받은 패널들에 의해 측정된다. 피험자에게 제공되는 냄새의 농도와 피험자가 느끼는 냄새의 세기 간의 관계는 냄새 물질의 종류에 따라 다르다. 즉, 어떤 냄새의 경우에는 농도를 10배 묽혔을 때 냄새의 세기가 100배 줄어드는 반면, 다른 냄새의 경우에는 농도를 10배 묽혀도 냄새의 세기에는 별반 영향을 못 미치는 경우도 있다. 또 다른 요소인 지속도는 냄새 물질을 표면에 묻히고, 그로부터 얼마나 오랜 시간 동안 그 냄새가 지속적으로 감지되는지에 대한 인자이다.

냄새와 맛의 측정을 위한 노력들

앞에서 살펴보았듯이, 후각 수용체와 미각 수용체의 존재와 역할에 대해 이해하기 전까지는 냄새와 맛을 단순한 화학 분자의 측면에서 생각하였다. 화학 분자를 분석하고 측정하려는 장치들은 비단 냄새와 맛의 측정을 위해서만이 아니라 화학 분석 장치 그 자체로서 많은 발달이 이루어져 왔다. 단지 냄새와 맛의 차이는 분석하려는 대상 화학물질이 기체 상태인지 액체 상태인지의 차이만 있을 뿐이다. 냄새의 원인 물질은 휘발성 물질이므로 화학 분석 장치 중에서도 가스 상태의 화학성분을 분석하는 장치가 냄새를 분석하여 줄 것이라는 기대를 할 수 있었다. 가스 상태의 화학성분을 분석하기 위해 고안된 장치가 '가스 크로마토그래프gas chromatograph' 혹은 영어 약자인 GC라고 불리는 장치이다. 이 장치를 사용하는 분석 방법을 '가스 크로마토그래피gas chromatography' 혹은 '가스 크로마토그래프 법'이라 부른다. 마찬가지로 액체 상태의 화학성분을 분석하기 위한 장치는 '액체 크로마토그래프liquid chromatograph' 혹은 영어 약자인 LC라고 불리는 장치이다. 이들 장치는 여러 성분이 섞여 있는 혼합가스 혹은 혼합용액을 각 성분별로 분리하여, 그 혼합물이 어떤 성분들로 이루어져 있는지를 분석하는 장치이다. 예를 들어, 10가지 성분이 혼합되어 있는 혼합가스를 가스 크로마토그래프 장치에 주입하면, 섞여 있던 10가지 성분을 분리하여 각각의 성분이 무엇인지를 분석한다. 가스 크로마토그래프는 기본적으로 각각의 성분을 분리는 하지만, 그 성분들이 무엇인지를 알아내는 데는 제한적 한계를 가지고 있다. 이 한계를 극복하기 위해 도입된 장치가 질량 분석기mass spectrometer 혹은 영어 약자인 MS이다. 이들 두 가지 장치를 결합한 장치가 GC/MS 혹은 LC/MS이다. 즉, GC와 LC는 혼합가스나 혼합용액을 각각의 성분으로 분리하는 역할을 하고, MS는 분리된 각각의 성분이 무엇인지를 분석하는 기능을 한다.

가스 시료의 경우에는 액체 시료보다 시료를 채취하는 방법 또한 중요하며, 위와 같은 가스 분석 장치에 주입하기 위한 가스 시료를 채취하는 방법도 개발되었다. 예를 들어, 방 안의 공기나 숲속의 공기 샘플 혹은 사람의 입에서 나오는 호기를 채취하기 위해, 비닐봉지 같은 형태의 가스 포집 백을 사용하여 대상 기체를 포집한다. 다음으로 포집 백 속에 기다란 주삿바늘 모양의 미세 흡착봉을 찔러 넣어서 샘플 기체 내에 존재하는 성분들을 미세 흡착봉 표면에 흡착시킨다. 미세 흡착봉을 GC 장치에 주입하고 온도를 올리면, 미세 흡착봉에 붙어 있던 가스 성분들이 탈착되어 GC 장치 내로 주입되게 되고, 이 성분들은 GC를 통해 분리되고 MS를 통해 분석된다. 이런 방법들은 결국 혼합가스의 화학성분을 분석하는 것이다. 그러나, 냄새와 맛의 정체는 화학 분자 정보 그 자체가 아니라는 것은 이미 앞에서 기술된 내용을 통해 알고 있다. 즉, 이와 같은 GC/MS 장치나 LC/MS 장치를 통해 분석한 결과는 그 혼합물의 화학적 성분에 대한 정보는 제공해 주지만, 정작 냄새와 맛에 대한 정보를 우리에게 주지는 못한다.

여러 종류의 냄새 성분이 혼합된 가스의 냄새를 분석하려는 또 다른 시도로서 개발된 장치가 'GC–후각측정기GC-Olfactometer, GC-O'이다. 혼합가스 성분을 GC를 사용하여 우선으로 분리한 후, 분리된 각각의 냄새 성분을 사람의 코로 맡는 방법이다. GC에 주입된 혼합가스는 GC를 통과하는 동안 각각의 성분들로 분리되어서, 분리된 각각의 성분들이 시간차를 두고 GC 장치로부터 흘러나온다. 이렇게 시간차를 두고 나오는 각각의 성분들을 코로 맡아 냄새를 기록하는 방법이다. 냄새를 맡기 위해서는 결국은 사람의 코를 사용해야 하는데, 이 경우에 코를 계속 사용하면 후각의 피로가 금방 오고, 조금 전에 맡았던 냄새가 새로 흘러나오는 냄새를 느끼는 데 방해를 하는 등의 문제점들이 나타나기도 한다. 결국은 이 방법도 냄새를 맡는 과정에서는 사람의 코가 동원되어야 하는 방법에서 벗어나지 못하고 있다.

인간의 후각과 미각을 모방하려는 노력들이 계속되어 전자코와 전자혀라고 불리는 장치들이 개발되었다. 먼저 냄새 측정을 위해 인간의 후각을 모방하여 개발된 장비인 전자코에 대해 살펴보자. 인간 후각에 의해 얻어지는 냄새의 정보는 냄새 분자가 약 400종류의 후각 수용체와 결합하여 생성된 패턴이라는 것을 이미 앞에서 기술한 바 있다. 이와 같은 원리의 인간 후각을 모방하기 위해 전자코에서는 후각 수용체를 대신하여 역할을 할 다양한 종류의 전자소자 물질들이 개발되어 사용된다. 즉, 전자코는 냄새 물질이 후각 수용체 역할을 하는 이 전자소자들과 결합하여 생성된 패턴으로 냄새를 측정하는 장비이다. 인간의 후각 시스템에서는 다양한 종류의 후각 수용체가 사용되고 있듯이 전자코에서 가장 중요한 요소는 다양한 종류의 소자 물질들을 발굴하고 소자 표면의 화학적 구조를 변형시켜 다양한 종류의 소자를 개발하여 사용하는 것이다. 냄새 분자와 결합하여 다양한 결합 패턴을 생성시키기 위해서는 소자마다 표면의 화학적 구조가 모두 제각각으로 다양해야 하기 때문이다. 이를 위해 다양한 종류의 산화철 물질들과 다양한 종류의 전도성 고분자 물질들이 소자로 사용되는 대표적인 것들이다. 냄새 물질이 이들 다양한 소자와 결합하여 생성된 조합 패턴이 그 냄새의 정보이므로, 측정하고자 하는 냄새를 포함한 다양한 냄새들에 대해 전자코를 사용하여 미리 냄새들에 대한 결합 패턴들을 측정하고 이를 데이터베이스에 보관하여 놓는다. 이 데이터베이스는 마치 인간의 뇌가 과거에 맡았던 냄새들에 대한 기억을 저장해 놓은 냄새 기억 정보의 역할을 한다. 이렇게 구성된 전자코는 미지의 냄새에 대해서 만들어 내는 패턴이 기존에 확보해 둔 데이터베이스 상의 어떤 냄새 정보와 일치하는지를 분석함으로써 냄새를 측정하게 된다.

전자혀도 전자코와 같은 원리를 이용하여 개발되었다. 즉, 여러 가지 다양한 소자를 사용하여 맛 물질들이 이들 소자들과 결합하여 생성된 패턴으로 맛을 구별하고 측정하려는 장비이다. 단지 측정 대상 물질이 액체 상태의 물질이라는 차이점이 있다. 이렇듯 전자코와 전자혀는 인간 감각 기관의 원리를 모방하여 만들어졌지만, 인간의 후각 수용체와 미각 수용체를 대신하여 역할을 해야 할 전자소자가 후각 수용체와 미각 수용체와 비교하여 너무나 단순한 분자 구조를 가지고 있다는 한계를 가지고 있다. 인간 수용체의 복잡도가 자동차 정도의 복잡도를 가졌다면, 전자코나 전자혀에 사용되는 소자의 복잡도는 자전거 정도의 복잡도로서 상대적으로 매우 단순한 구조를 가지고 있다. 이와 같이 단순한 구조의 물질들이 소자로 사용되기 때문에 비슷한 분자의 냄새와 맛을 구별하기 어렵다는 취약점을 가지고 있다. 또한, 전자코와 전자혀에 사용된 소자는 인간의 후각 수용체와 미각 수용체와는 근본적으로 다른 구조의 소자이기 때문에 인간이 느끼는 냄새와 맛의 감각을 그대로 구현하는 데는 근본적인 한계를 가지고 있다.

냄새와 맛의 측정을 위한 가능한 방법

여태까지 살펴본 바와 같이 냄새와 맛 중에서도 냄새의 측정이 훨씬 어려워 보인다. 먼저 냄새의 측정에 대한 가능한 방법을 생각해 보기로 하

자. 냄새의 객관적 측정을 위해서는 주관이 들어가서는 안 되므로 주관이 개입되는 기억, 감정, 경험 등 뇌가 가지고 있는 내부 정보가 배제된 외부 정보만을 사용하여 측정할 수 있는 방법이 필요한데, 후각 망울의 사구체가 만들어낸 패턴이 바로 외부 정보이다. 따라서 사구체가 만들어 낸 점묘화 패턴이 내부 정보(주관)가 배제된 외부 정보로서의 냄새를 측정할 수 있는 수단을 제공해 준다. 이런 점묘화 패턴은 마치 우리가 사용하고 있는 QR 코드와 흡사한 정보이다. 각 QR 코드가 물품이나 사람 개인의 정보를 담고 있듯, 점표화 패턴을 사용함으로써 그 냄새의 정보를 담고 있게 할 수 있다. 우리의 신분증에는 얼굴 사진이 부착되어 있다. 즉, 사진 속에 들어 있는 각자의 얼굴 패턴이 바로 각 개인의 ID이듯이, 냄새의 ID는 사구체가 만들어 낸 점묘화 패턴이다. 즉, 냄새를 측정하기 위해서는 사구체가 만들어 내는 점묘화 패턴과 동일한 패턴을 생성하는 도구를 개발하면, 인간의 뇌가 생성하는 것과 동일하거나 적어도 매우 유사한 냄새 정보를 측정할 수 있을 것으로 기대된다.

그렇다면 이와 같은 도구를 어떻게 만들 수 있을 것인가? 3장의 <그림 3.3>에서 보았듯이 후각 망울 내의 사구체들이 만들어 내는 점묘화 패턴은 결국은 후각 상피 조직에 점점이 박혀 있는 후각 수용체와 냄새 분자들이 결합하여 만들어 내는 패턴과 동일한 패턴이다. 따라서 냄새 분자들이 400종류의 인간 후각 수용체들과 만들어 내는 결합 패턴을 생성해 낼 수만 있다면, 그 패턴을 냄새의 ID로 사용할 수 있을 것이라는 결론에 도달하게 된다[5]. 이렇게 생성된 패턴 정보는 객관적 정보인 그 냄새의 외부 정보이다. 이와 같은 패턴을 생성하기 위해서는 인간의 콧속에 있는 인간 후각 수용체를 소자로 사용하는 장치를 만들어야 하고, 냄새 분자들이 400종류의 후각 수용체 중에서 어떤 수용체들과 결합을 하였는지를 측정할 수 있어야 한다.

맛의 경우에는 냄새와 비교해서는 덜 어려워 보인다. 5가지 맛 중에 신맛과 짠맛은 이미 존재하는 화학분석장치로 그 측정이 가능하다. 나머지 3가지 맛인 쓴맛, 단맛, 감칠맛을 측정하기 위해서는 그 맛을 감지하는 미각 수용체를 사용하여 측정이 가능하다. 쓴맛의 경우에는 25가지 수용체가 존재하므로, 이들 모두를 사용하여야 하는 어려움이 있다. 반면에 단맛 수용체와 감칠맛 수용체는 오직 한 종류씩만 존재하므로 덜 복잡해 보인다. 그러나 이들 단맛 수용체와 감칠맛 수용체는 앞에서 언급한 바와 같이 두 개의 서로 다른 수용체 분자가 한 조를 이루어서 기능하고 있다는 또 다른 복잡함이 존재하고 있다. 이상에서 살펴본 바와 같이 냄새와 맛을 측정하기 위해 가장 중요한 역할을 하는 것은 후각 수용체와 미각 수용체이다. 후각 수용체와 미각 수용체를 소자로 사용하는 냄새 측정 장치와 맛 측정 장치를 만들기 위해서는 인간의 코와 혀에 있는 후각 수용체 및 미각 수용체와 동일한 구조와 기능을 가진 소자를 만들어 내야 하고, 이들 소자를 이용하면 냄새와 맛의 측정이 가능할 것으로 기대된다.

8장

냄새를 전송하는 핸드폰

이 향기 어때?
요즘 한국에서
유행하는 향수야!
음~ 향기롭다~
처음 맡아 보는
향이네~

한국에서 지금 내가 맡고 있는 향수 냄새를 미국에 있는 친구에게도 동일한 냄새를 맡게 할 수 있을까? 이것이 가능해지려면, 지금 내가 맡고 있는 향수 냄새의 정보를 냄새 측정 장치 속으로 받아들이게 하는 입력 기술이 필요하고, 이 냄새 정보를 미국으로 전파를 통해 전송하고, 전송된 정보에 따라 미국에서 다시 냄새로 만들어 내는 출력 기술이 필요하다. 이러한 기술들이 가능할까? 미국 Fox 방송의 TV 뉴스에 매우 흥미로운 소식이 보도되었다. 세계 최초의 새로운 핸드폰 앱이 개발되었는네, 이 앱을 사용하면 핸드폰에서 원하는 냄새와 맛을 느낄 수 있다고 소개하고 있다(그림 8.1). 햄버거 냄새를 맡을 수도 있고, 핸드폰 표면을 핥으면 맥주 맛을 느낄 수도 있다는 것이다. 남성 앵커가 이런 내용의 뉴스를 진행하면서 옆에 있는 동료 여성 앵커에게 태블릿 PC를 건네주며, 화면에서 냄새 버튼을 누르고 화면의 맥주잔을 채운 뒤 냄새를 맡아보라고 한다. 이 여성 앵커는 코를 들이대고 열심히 맡아보지만 냄새를 느끼지 못한다. 그러면 이번에는 맛을 보기 위해 화면의 맥주를 핥아보라고 한다. 여성 앵커는 맥주 맛을 느끼기 위해 열심히 화면을 핥는다. 그런데 맥주 맛은 안 나고 대신에 깔깔대는 웃음소리만 나온다. 이 여성 앵커는 그제야 자신이 놀림을 당했다는 것을 알아채게 되었는데, 태블릿 PC 화면에는 'Happy April Fools Day!'라는 문구가 나타난다. 이것은 만우절에 방영된 뉴스의 한 장면이었다.

비록 이 일화는 농담에 지나지 않지만, 가까운 장래에는 이런 기술이 현실화될 것으로 기대된다. 이처럼 인간의 오감 중에 유독 후각과 미각에 대해서는 이를 인지하는 입력 기술과 재생하는 출력 기술이 아직 개발되어 있지 못하다. 반면에 나머지 3가지 감각인 시각, 청각, 촉각에 대해서는 많은 입출력 기술들이 발전되어 왔다. 인공 감각을 실현하려는 연구들도 진행되고 있으며, 소리를 못 듣는 사람에게 장착하여 소리를 들을 수 있게 하는 인공 청각의 경우에는 이미 산업화되어 실제로 사용되고 있다. 시각, 청각과 같이 기술 개발이 먼저 된 분야를 살펴보고, 이와 비교하여 후각, 미각 분야는 어떤 기술 발전들이 이루어지고 있는지에 대해 살펴보기로 하자.

그림 8.1 냄새와 맛을 느끼게 하는 핸드폰을 소개하고 있는 미국 Fox 뉴스의 한 장면

시각, 청각 정보의 입력과 출력 기술

후각과 미각은 화학적 분자를 감지하는 화학적 감각인 반면에 시각, 청각, 촉각은 물리적 특징을 느끼는 물리적 감각이다. 이 3가지 물리적 감각을 느끼는 기술은 우리 손에 들려 있는 핸드폰 속에도 들어 있다. 우

리 눈이 보는 정보를 핸드폰의 카메라를 통해 그대로 핸드폰에 담을 수 있고, 우리 귀가 듣는 정보도 핸드폰의 녹음기를 통해 그대로 핸드폰 속에 저장할 수 있다. 핸드폰은 촉각에 속하는 우리의 터치도 느낀다. 물리적 감각의 경우에는 광학과 진동 등의 물리학이 발달하면서 카메라, 녹음기, 촉각 센서 등이 개발되어 물리적 감각 정보를 잡아내는 기기들이 성공적으로 개발되었다. 시각, 청각의 경우에는 카메라와 녹음기를 통해 그 정보들을 잡을 수 있을 뿐만 아니라 디스플레이 화면과 스피커를 통해 시각 정보와 청각 정보를 재현할 수도 있다. 카메라와 녹음기는 시각과 청각 정보의 입력 기술이고, 디스플레이 화면과 스피커는 두 감각 정보의 출력 기술이다.

지구 반대편에서 열리고 있는 김연아 선수의 올림픽 피겨 스케이팅 경기를 우리는 거실에서 TV를 통해 시청할 수 있다. 경기장에 울려 퍼지는 음악 소리도 들을 수 있고, 그 음악에 맞춰 연기하는 김연아 선수의 우아하고 역동적인 모습도 볼 수 있다. 이는 보게 하고 듣게 하는 기술이 개발되었기 때문이다(그림 8.2). 먼저, 보는 기술부터 생각해 보자. 피겨 스케이팅 경기 현장에서 카메라로 김연아 선수의 연기 모습을 촬영한다. 즉, 우리 눈이 보는 정보와 똑같은 정보를 잡을 수 있는 카메라 기술이 있다. 이 기술은 시각 정보의 입력 기술이다. 다음으로 소리의 경우는 우리 귀가 듣는 정보와 똑같은 정보를 담을 수 있는 녹음기 기술이 발달해 있다. 이는 청각 정보의 입력 기술이다. 따라서 시각 정보와 청각 정보가 카메라와 녹음기를 통해 입력될 수 있다. 이 정보는 무선통신 기술을 통해 우리 집 거실의 TV 수상기로 보내진다. 이제 이 정보는 다시 시각적으로 청각적으로 출력되어 우리에게 보이고 들려져야

표 8.1 인간의 5감에 대한 입력 기술, 출력 기술 및 인공 감각

	입력 기술	출력 기술	인공 감각
시각	카메라	디스플레이	인공 망막
청각	녹음기	스피커	인공 와우
촉각	촉각 센서	–	–
후각	(바이오전자코)	(냄새 공급 장치)	–
미각	(바이오전자혀)	(맛 물질 공급 장치)	–

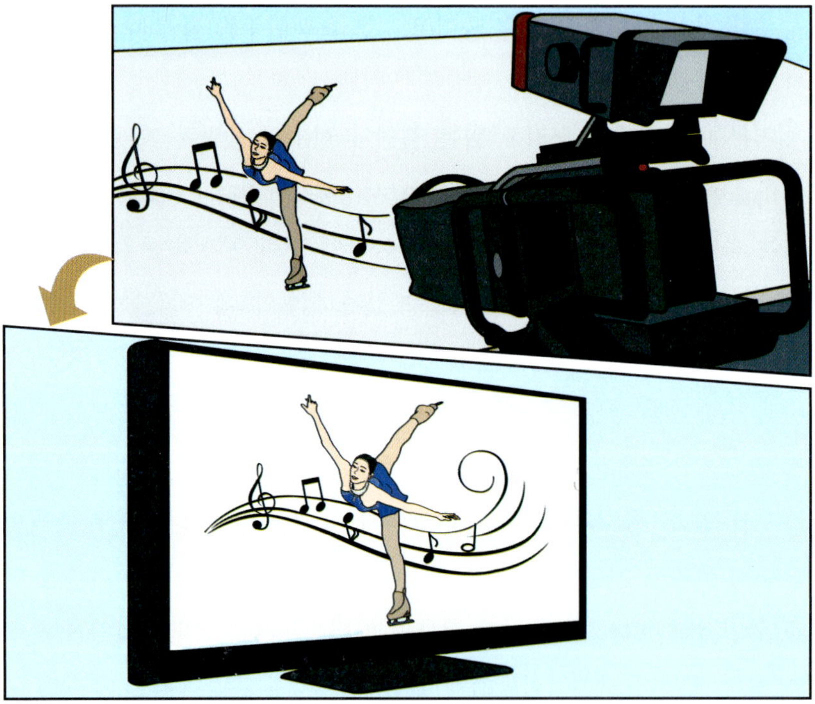

그림 8.2 입력 기술인 카메라와 녹음기를 사용하여 김연아 선수가 출전하는 경기장의 모습과 경기장의 음악 소리를 담는다. 이 정보는 무선통신 기술을 통해 우리 집의 TV 수상기로 보내진다. 출력 기술인 디스플레이와 스피커를 통해 경기장의 모습과 소리를 보고 들을 수 있다.

한다. 시각적으로 보여주는 TV 화면 디스플레이 기술과 청각적으로 들려주는 스피커 기술이 개발되어 있고, 이는 시각 정보와 청각 정보를 출력하는 기술이다. 즉, 스케이팅 경기장 현장에서 시각, 청각 정보를 잡는 입력 기술과 거실에서 이를 다시 시각적 청각적으로 출력하는 두 가지 기술이 잘 개발되어 있다. 그렇다면, 후각과 미각의 경우에는 이에 상응하는 입력 기술과 출력 기술이 얼마나 발달하였는지에 대해 알아보기로 하자.

후각 정보의 입력을 위한 바이오전자코

앞에서 살펴본 바와 같이 시각과 청각의 경우에는 대상 정보를 잡을 수 있는 카메라와 녹음기라는 입력 장치가 개발되어 있으며, 이 입력된 정보를 다시 눈으로 보고 귀로 들을 수 있는 빛과 소리로 재현하는 디스플레이와 스피커라는 출력 장치가 개발되어 있다. TV에서 나오는 장면을 시각을 통해 보고, TV에서 나오는 소리를 청각을 통해 들을 수 있기 때문에 TV를 시청한다고 한다. 만약, 장미꽃 축제가 열리고 있는 현장을 TV에서 보여주고 들려주는 것뿐만 아니라 장미꽃 냄새도 맡을 수 있게 하려면, 축제 현장에서 냄새 정보를 잡아내는 기술과 거실에서 냄새로 만들어 내는 서로 다른 두 가지 기술이 필요하다. 즉, 냄새를 맡을 수 있는 기술과 냄새를 만들어 낼 수 있는 기술이 필요하다. 그러나 후각과 미각의 경우에는 냄새와 맛을 인지하여 그 정보를 잡을 수 있는 입력 장치도 없고, 냄새와 맛을 만들어 내어 재현하는 출력 장치도 없는 상태이다. 냄새와 맛을 인지하여 그 정보를 잡을 수 있는 입력 장치는 다름 아닌 앞에서 기술했던 냄새 측정 장치와 맛 측정 장치이다. 냄새와 맛을 측정하기 위해 가장 중요한 역할을 하는 후각 수용체와 미각 수용체를 사용하여 냄새와 맛의 정보를 잡으려는 입력 장치가 '바이오전자코'와 '바이오전자혀'이다.

냄새의 정체는 냄새 분자들이 콧속에 있는 400종류의 후각 수용체와 결합하여 생성해낸 점묘화라는 이야기를 앞에서 하였다. 따라서 400종류의 인간 후각 수용체를 생산하여 가로 20개 세로 20개로 이루어진 400개 격자의 칩 위에 각 종류의 후각 수용체들을 올려놓고, 400종류의 후각 수용체가 냄새 분자들과 결합하여 생성된 점묘화 패턴 이미지를 정보로 읽어 들이는 것이 바이오전자코의 개념이다(그림 8.3). 이는 3장의 <그림 3.2>에서 보여준 뇌로 전달되는 냄새 패턴 정보를 측정하기 위한 것으로, 냄새 분자와 각 후각 수용체 간의 결합 세기를 전기신호 혹은 광학신호의 세기로 측정하는 방법이다[1]. 따라서 바이오전자코를

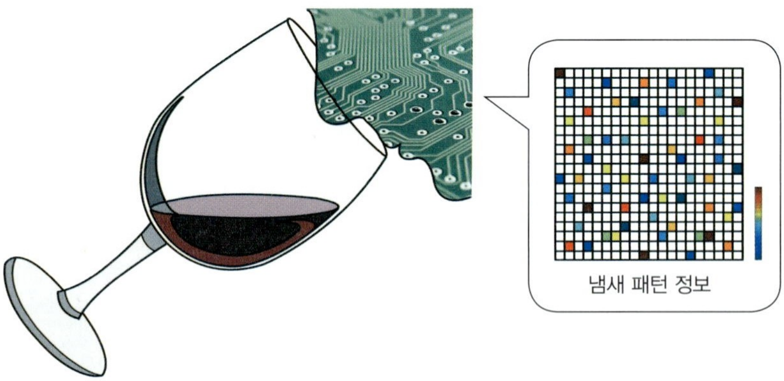

그림 8.3 냄새 정보를 입력하는 바이오전자코

만들기 위해서는 인간의 후각 수용체를 생산하여야 한다. 이를 위해는 유전공학 기술이 사용되며, 후각 수용체의 생산에 대해서는 조금 뒤에 더 자세히 살펴보기로 한다. 생산된 후각 수용체를 센서 기판 위에 부착시킴으로써 바이오전자코가 제작된다. 냄새 분자와 후각 수용체의 결합을 전기신호로 변환하기 위해 사용되는 장치로는 전계효과 트랜지스터(field-effect transistor, FET)가 사용되는데, 이를 위해 탄소 나노튜브, 전도성 고분자 나노튜브, 그래핀 등의 나노 소자가 사용된다[2, 3, 4].

바이오전자코의 소자로 사용되는 후각 수용체

인간의 후각 수용체는 콧속에 존재하는 후각 신경세포의 세포막에 위치하고 있으며, 세포막을 일곱 번 들락날락 하고 있는 형태로 복잡한 구조를 하고 있다. 이와 같은 복잡한 구조를 가진 후각 수용체의 생산을 위해 과학자들은 많은 노력을 진행해 왔다. 후각 수용체를 얻기 위해 사람이나 동물의 코에서부터 직접 채취하는 것은 쉽지 않을뿐더러 그 양도 작아서 이를 채취하여 사용하기란 거의 불가능하다. 또한, 후각 세포는 인간의 콧속에서도 그 수명이 1~2달 정도밖에 되지 않으므로 후각 세포를 콧속에서 채취하여 실험실에서 배양하는 것도 매우 어려운 일이다. 그리하여 과학자들은 인간 후각 수용체의 생산을 위해 유전공학 기술을 사용하게 되었다. 즉, 후각 수용체의 정보는 DNA에 있으므로, 해당 후각 수용체 유전자를 배양하기 용이한 세포에 도입하고 이를 배양하여 후각 수용체를 생산하는 방법이다. 이는 기본적으로는 바이오 의약품을 생산하는 방법과 같은 방법이다.

이를 위해 실험실에서 가장 보편적으로 사용되는 세포는 인간 배아 신장 세포이다. 이 세포는 외부 유전자 도입이 쉽고, 발현도 잘 되며, 세포 배양도 쉬워서 오래전부터 연구자들이 즐겨 사용해 오고 있는 세포이다. 따라서 후각 수용체 유전자를 이 세포에 도입하여 세포막에 후각 수용체를 발현시키는 방법이 실험실에서 가장 널리 사용되는 방법이다. 이런 방법을 통해 구조와 기능이 제대로 갖추어진 후각 수용체를 생산할 수 있으며, 후각 연구에 가장 보편적으로 이용되는 방법이다. 과학적 연구에는 매우 유용한 방법이지만, 실용적으로 이용하기에는 세포 배양을 위한 가격이 비싸고, 후각 수용체 생산량이 매우 작다는 단점을 가지고 있다. 이를 극복하기 위해 더 생산성이 높은 세포를 사용하려는 노력들이 수행되었다.

이를 위해 미생물 중에서 비교적 고등 세포에 속하는 효모yeast를 숙주세포로 사용하려는 노력들이 수행되었다. 효모는 성장 속도도 빠르고, 외부 단백질의 생산량도 높은 장점이 있다. 효모 이외에 곤충 세포를 숙주세포로 사용하여 좋은 성과를 거두기도 하였다. 그러나 실용적인 측면을 고려하면, 더 싸게 더 많이 생산해야 하는 요구가 여전히 존재하였다. 이를 위해 성장 속도가 더 빠르고 생산성도 높은 대장균(E. coli)을 숙주세포로 사용하려는 필요성이 대두되었다. 그러나 대장균을 숙주세포로 이용하기 위해서는 해결해야 할 여러 가지 문제가 있었고, 이를 극복하기 위해 노력하였다.

대장균에서 생산되는 후각 수용체는 그 생산량이 많은 반면에 응집되어 엉겨 붙은 상태로 생산되기 때문에 제대로 된 구조를 가지고 있지 않다. 따라서 제대로 된 구조를 잡기 위해 나노디스크 기술이 사용된다(그림 8.4). 먼저 세제 성분을 첨가하여 엉겨 붙은 상태의 후각 수용체를 풀어준다(a). 앞에서 이야기 한 바와 같이 후각 수용체는 세포막을 일곱 번 들락날락하는 형태의 구조를 갖추고 있다. 이와 같은 원래의 구조를 재형성하기 위해서는 세포막과 같은 주위 환경을 형성할 필요가 있다. 이를 위해 구조가 풀어진 상태의 후각 수용체 물질에 세포막 성분을 첨

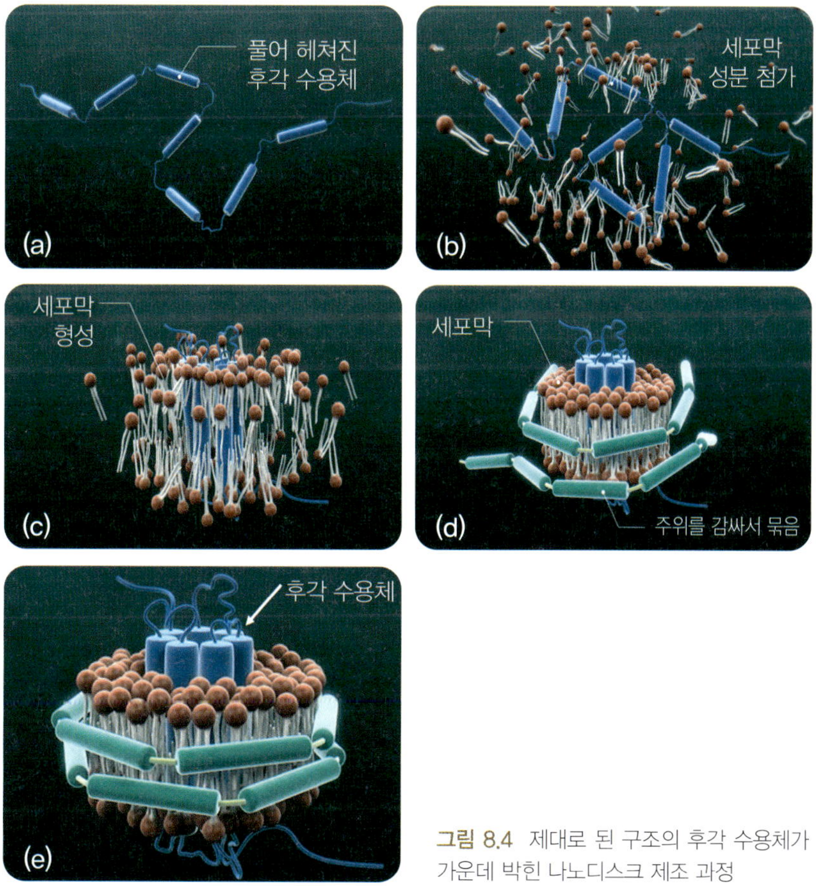

그림 8.4 제대로 된 구조의 후각 수용체가 가운데 박힌 나노디스크 제조 과정

가하여(b) 세포막과 동일한 환경을 조성해 줌으로써 제대로 된 구조가 형성되게 하고(c), 주위를 마치 고무밴드로 감싸서 묶듯이 묶어주면(d), 가운데에 후각 수용체가 박힌 나노디스크가 형성된다(e). 이 나노디스크의 지름은 10~20 nm이고, 한가운데에 일곱 개의 원기둥 같은 모습을 하고 있는 것이 후각 수용체이며, 이 후각 수용체 주위를 세포막 성분이 둘러싸고 있다. 이렇게 제작된 나노디스크는 가운데에 박힌 후각 수용체를 매우 안정된 상태로 유지할 수 있게 해 주어서 바이오전자코의 소자로 유용하게 사용될 수 있다[5].

미각 정보의 입력을 위한 바이오전자혀

혀의 미뢰를 통해 받아들여지는 미각 정보로서 다섯 가지 종류의 맛이 있다는 이야기를 앞에서 하였다. 신맛, 짠맛, 쓴맛, 단맛, 감칠맛이다. 이 중에 신맛은 수소 이온(H^+)에 의해 자극되는 맛이고, 이를 측정하는 입력 장비로서 이미 수소 이온 농도를 측정하는 pH 미터가 개발되어 있다. 또한, 짠맛은 Na^+나 K^+ 이온에 의해 자극되는 맛으로서 이들 이온의 농도를 측정할 수 있는 각종 이온 측정 기기들 또한 개발되어 있다. 반면에 쓴맛, 단맛, 감칠맛을 측정하려면, 인간의 미각 수용체를 사용하여야 한다. 앞에서 기술한 바이오전자코의 제작을 위해 인간 후각 수용체가 사용되었듯, 인간의 미각 수용체를 사용하여 맛을 측정하는 장비가 바이오전자혀이다.

당도계를 사용하면 단맛을 쉽게 측정할 수 있다고 생각할 수도 있으나, 당도계는 해당 물질이 단지 안 단지를 측정하는 장비가 아니고, 이미 단맛 물질인 당이 그 속에 들어 있다는 것을 아는 상태에서 그 당의 농도를 빛의 굴절률 차이를 이용하여 측정하는 장비이다. 즉, 우리 혀는 미지의 물질에 대해 그 물질이 단지 안 단지를 판단할 수 있지만, 당도계는 이를 판단할 수 있는 능력은 없고 그저 당이 들어 있다는 것을 이미 아는 용액 중의 당 농도를 측정할 수 있는 장비이다. 따라서 어떤 물질이 단맛을 내는 물질인지 아닌지를 측정하려면 우리 혀에 있는 것과 동일한 단맛 수용체를 사용하여야 한다.

쓴맛, 단맛, 감칠맛 수용체는 모두 후각 수용체와 같이 세포막을 일곱 번 들락날락하는 구조를 가지고 있다. 따라서 후각 수용체를 생산하는 방법과 유사한 방법으로 미각 수용체를 생산하여 생산된 미각 수용체를 센서 기판 위에 부착시킴으로써 바이오전자혀가 제작된다. 맛 분자와 미각 수용체의 결합을 전기신호로 측정하기 위해 사용되는 장치로는 바이오전자코에 사용되는 것과 같은 나노 소자가 사용된다[6]. 후각의 경우에는 냄새 분자와 400종류의 후각 수용체 간의 결합 패턴 정보이지만, 미각의 경우에는 패턴 정보가 아니라 온 · 오프 정보에 가깝다. 즉, 맛 분자가 쓴맛 수용체와 결합을 하면 쓴맛이 나고, 단맛 수용체와 결합을 하면 단맛이 나며, 감칠맛 수용체와 결합을 하면 감칠맛이 나는 형태의 정보이다. 온 · 오프 정보이기는 하지만 자극의 세기를 가지고 있는 온 · 오프 정보인 것이다. 즉, '오프'일 때는 자극의 세기가 제로이어서 맛이 안 나지만, '온'일 때는 맛 물질의 농도에 따라 그에 해당하는 세기로 자극을 한다.

쓴맛의 경우에는 인간의 혀에 25가지 종류의 쓴맛 수용체를 가지고 있는데, 25가지 중에 어느 것을 자극하여도 쓴맛을 느낀다. 이 중에는 매우 여러 종류의 쓴맛 물질과 결합하는 광범위한 영역을 커버하는 쓴맛 수용체도 있는 반면, 단지 소수의 쓴맛 물질하고만 결합하는 쓴맛 수용체도 있다. 따라서 인간이 쓴맛으로 느끼는 모든 쓴맛 물질에 대해 반응하는 바이오전자혀를 구사하려면 25종류의 미각 수용체가 모두 사용된 바이오전자혀가 필요하다. 바이오전자코의 400종류에 비하면 작은 숫자이지만, 25종의 쓴맛 수용체를 모두 사용하여 제작한다는 것 역시 만만한 일은 아니다. 반면, 단맛 수용체와 감칠맛 수용체는 각각의 경우에 오직 한 종류씩만 존재한다. 따라서 단맛과 감칠맛의 경우는 쓴맛과 비교하여 바이오전자혀의 제작이 더 용이할 것으로 생각되지만 또 다른 어려움이 있다. 쓴맛 수용체나 후각 수용체는 모두 한 개의 분자가 그 기능을 하고 있는데, 앞에서도 이야기 한 바가 있듯이 단맛과 감칠맛의 경우에는 독특하게도 두 개의 서로 다른 수용체 분자가 한 조를 이루어서 기능하고 있다. 따라서 단맛과 감칠맛 수용체는 종류는 한 개씩이지만, 제대로 된 기능을 가진 수용체를 생산하기 위해서는 보다 정교한 기술이 필요하며, 이에 대해서는 다음 절에서 더 자세히 살펴보기로 한다. 미각 수용체를 통해 느끼는 다섯 가지 맛에는 속하지 않지만, 인간이 오랜 세월 동안 통상적으로 맛이라고 생각해온 매운맛과 떫은맛을 측정하려는 노력들도 시도되었다. 매운맛의 원인 물질인 캡사이신을 감지하는 센서들도 개발되었고, 최근에는 떫은맛을 측정하는 센서도 개발되었다[7].

바이오전자혀의 소자로 사용되는 미각 수용체

쓴맛 수용체의 경우는 그 구조와 크기가 후각 수용체와 매우 유사하여, 앞에서 기술한 후각 수용체를 생산하는 방법과 동일한 방법으로 생산할 수 있다. 그러나 단맛 수용체와 감칠맛 수용체는 서로 다른 두 개의 수용체가 서로 붙어 있게 만들어야 하기 때문에 더 정교한 기술이 필요하다[8]. 단맛 수용체는 T1R2라는 수용체 분자와 T1R3라는 수용체 분자가 서로 붙어서 한 조를 이루고 있는 형태이고, 감칠맛 수용체는 T1R1이라는 수용체 분자와 T1R3라는 수용체 분자가 서로 붙어서 한 조를 이루고 있는 형태이다. 즉, T1R3 수용체 분자는 단맛 수용체와 감칠맛 수용체에 공통으로 들어 있다. 따라서 공통으로 들어 있는 T1R3 유전자를 세포 속으로 먼저 도입하여 세포 표면에 T1R3 수용체 분자를 발현시킨다. 이 세포를 오래 배양하면서 T1R3 수용체 분자가 안정적으로 유지되는 세포를 만든다. 이렇게 T1R3 수용체 분자가 표면에 안정적으로 발현되도록 만들어진 세포에 두 번째 수용체인 T1R2 유전자를 도입하여 세포 표면에 T1R2 수용체를 추가로 발현시키면 단맛 수용체가 된다. 반면, 세포 표면에 T1R1 수용체를 추가로 발현시키면 감칠맛 수용체가 된다.

이렇게 세포 표면에 발현된 단맛 수용체 혹은 감칠맛 수용체는 바이오전자혀의 제작을 위해 센서 기판에 올려 놓여야 한다. 이를 위해 세포 표면을 처리하여 세포 표면으로부터 나노 크기의 물방울 형태로 떼어 낸다. 이런 과정을 거침으로써 단맛 수용체 혹은 감칠맛 수용체를 표면에 가진 나노 소낭을 만들 수 있고, 이를 센서 기판의 나노튜브 또는 그래핀과 결합함으로써 바이오전자혀가 완성된다(그림 8.5). 이렇게 제작

그림 8.5 단맛과 감칠맛을 감지하는 바이오전자혀

된 바이오전자혀의 단맛 수용체 채널에서는 인간의 혀가 단맛으로 느끼는 단맛 물질인 사카린, 아스파탐, 설탕 등에 대해 인간의 혀와 매우 유사하게 반응하여 신호를 나타내고, 감칠맛 수용체 채널에서는 인간의 혀가 감칠맛으로 느끼는 조미료, 토마토 주스, 녹차 등에 대해 인간의 혀와 매우 유사하게 반응하여 신호를 나타낸다[9].

후각, 미각 정보의 출력

TV를 통해 김연아 선수의 연기 장면과 장내 음악 소리뿐만 아니라 아이스링크 특유의 냄새까지 TV를 통해 맡을 수 있다면, 훨씬 더 큰 현장의 감동을 느낄 수 있을 것이다. TV에서 냄새도 풍겨 줄 수 있는 기술이 바로 후각 정보 출력 기술이다. 앞에서 우리는 시각 정보를 출력하는 TV 화면 디스플레이 기술에 대해 이야기하였다. 후각 정보 출력하는 기술의 경우에도 유사한 용어를 사용하여 '후각 디스플레이' 기술이라고 부른다. 시각 디스플레이의 경우에는 빛의 삼원색이 밝혀져 있으므로 이 세 가지를 적절히 섞으면, 모든 종류 색깔의 빛을 만들 수 있는 원리를 이용한 것이다. TV 화면은 많은 수의 픽셀(화소)로 구성되어 있고, 이 픽셀의 개수가 많을수록 해상도가 높은 정교한 이미지를 제공해 준다. 각 픽셀은 빛의 삼원색인 Rred, Ggreen, Bblue 색을 발광하는 세 종류의 서브픽셀(부분화소)로 구성되어 있어서, 각 서브픽셀이 발광하는 빛의 양의 조합을 통해 모든 종류의 색을 만들어 낼 수 있다. 만약, 냄새의 경우에도 빛의 삼원색과 같이 기본이 되는 냄새 성분들이 있다면, 그것들의 조합을 통해 모든 종류의 냄새를 만들어 낼 수 있을 것이다. 그러나 불행히도 아직 그런 기본 냄새 성분이 무엇인지도 모르고, 정말 기본 냄새 성분이 존재는 하는 것인지에 대해서도 아는 바가 없다. 그렇다면 이런 상황에서 과연 어떻게 원하는 냄새를 만들어 낼 수 있을 것인가?

디즈니 만화책 중에 '미키 마우스와 신기한 냄새 기계'라는 제목의 책이 있다. 이 만화에는 여러 가지 냄새를 만들어서 풍겨주는 기계가 등장하는데, 괴짜 발명가인 자이로Gyro의 발명품 중의 하나이다. 이 기계를 사용하여 퀴퀴한 냄새가 나는 옷에 라벤더 향을 뿌려 주기도 하고, 이 기계를 잘못 다루어서 원치 않는 냄새가 풍겨 나와서 수란이 발생하기도 하는 내용을 담고 있다. 그런데 이 책은 향기 표시가 있는 부분을 긁으면 실제로 해당 냄새를 맡을 수 있게 제작된 냄새 그림책이다. 냄새 기계에서 몇몇 가지의 특정 냄새를 풍기는 것은 해당 냄새 물질을 담은 병들을 준비하여 이들을 통해 냄새를 풍기면 그리 어렵지는 않겠지만, 무수히 많은 종류의 냄새들 중에서 그때그때 원하는 냄새를 만들어 내어 풍기는 일은 만만한 일이 아니다.

우리는 앞에서 냄새의 정보는 400개의 후각 수용체가 만들어 낸 패턴이라는 이야기를 하였다. 즉, 원하는 냄새를 만들어 내려면, 몇몇 종류의 냄새를 섞어서 원하는 냄새에 해당하는 패턴이 만들어지게만 하면 될 것이다. 지금 내가 한국에서 맡고 있는 와인 향을 미국에 있는 친구가 맡을 수 있게 하는 예에 대해 생각을 해 보자(그림 8.6). 이를 위해는 1) 바이오전자코를 이용하여 내가 한국에서 맡고 있는 와인 향의 패턴 정보를 생성한다. 2) 생성된 패턴 정보를 미국으로 전송한다. 3) 패턴 정보에 맞는 냄새를 제조한다. 이때 해당 패턴 정보를 가진 냄새를 제조하는 기술이 필요하며, 이 기술이 후각 정보 출력 기술인 후각 디스플레이 olfactory display 기술이다. 시각 디스플레이 기술인 TV 화면이 빛의 3원색을 섞어서 모든 색을 연출하고 있듯이 후각 디스플레이 기술을 위해서는 우선으로 빛의 삼원색primary color과 같은 기본 냄새 물질primary odor들이 선정되어야 한다. 이런 기본 냄새들을 선정하기 위해서도 바이오전자코 기술은 절대적으로 필요하다. 아마도 기본 냄새 물질을 완벽하게 설정하기는 매우 어려울 수도 있다. 그렇지만 냄새에 대한 보다 깊은 과학적 지식을 이해하여 감에 따라 점점 현실화될 수 있을 것으로 생각된다. 이 부분에 있어서는 세간의 주목을 받으며 매우 빠르게 발전하고 있는 인공지능 기술과 빅데이터 기술이 많은 부분을 기여할 것으로 기대된다.

선정된 기본 냄새 물질들은 <그림 8.6>에서와 같이 냄새 제조 기기 내의 각각의 용기에 담기게 되며, 이들을 어떻게 조합해야 전송되어 온 해당 패턴을 얻을 수 있는지를 인공지능이 계산하고, 이를 바탕으로 하여 뿜어낼 냄새가 제조된다. 이 냄새 기기는 어떤 기본 냄새 물질들을 어떻게 섞으면 어떤 패턴의 냄새가 생성되는지에 대한 많은 양의 빅데이터를 이미 보유하고 있고, 인공지능은 이 빅데이터를 사용하여 해당 패턴을 얻기 위한 기본 냄새 물질들의 최적의 배합을 찾아낸다. 이와 같은 일련의 과정에 있어서 바이오전자코가 후각 입력 기술이고, 냄새 제조 기기인 후각 디스플레이가 후각 출력 기술이다. 이와 같은 기술이 개발된다면, 지구 반대편에서 열리고 있는 올림픽 피겨 스케이팅 경기에서 김연아 선수의 우아하고 역동적인 연기 장면(시각)과 경기장에 울려 퍼지는 음악 소리(청각)뿐만 아니라, 김연아 선수가 연기하는 아이스링크의 냄새(후각)도 맡을 수 있어서 훨씬 현장감 있게 경기를 즐길 수 있게 될 것이다.

반면에 미각 정보 출력 기술의 경우는 후각의 경우보다는 훨씬 간단하다. 혀가 느끼는 다섯 가지 맛을 내는 대표 물질들이 이미 확보되어 있기 때문이다. 신맛은 식초(초산), 짠맛은 소금(염화 나트륨), 쓴맛은 퀴닌, 단맛은 설탕(수크로우스), 감칠맛은 MSGmonosodium glutamate(글루탐산 나트륨) 등이 그것이다. 바이오전자혀를 사용하여 측정한 입력 정보(맛의

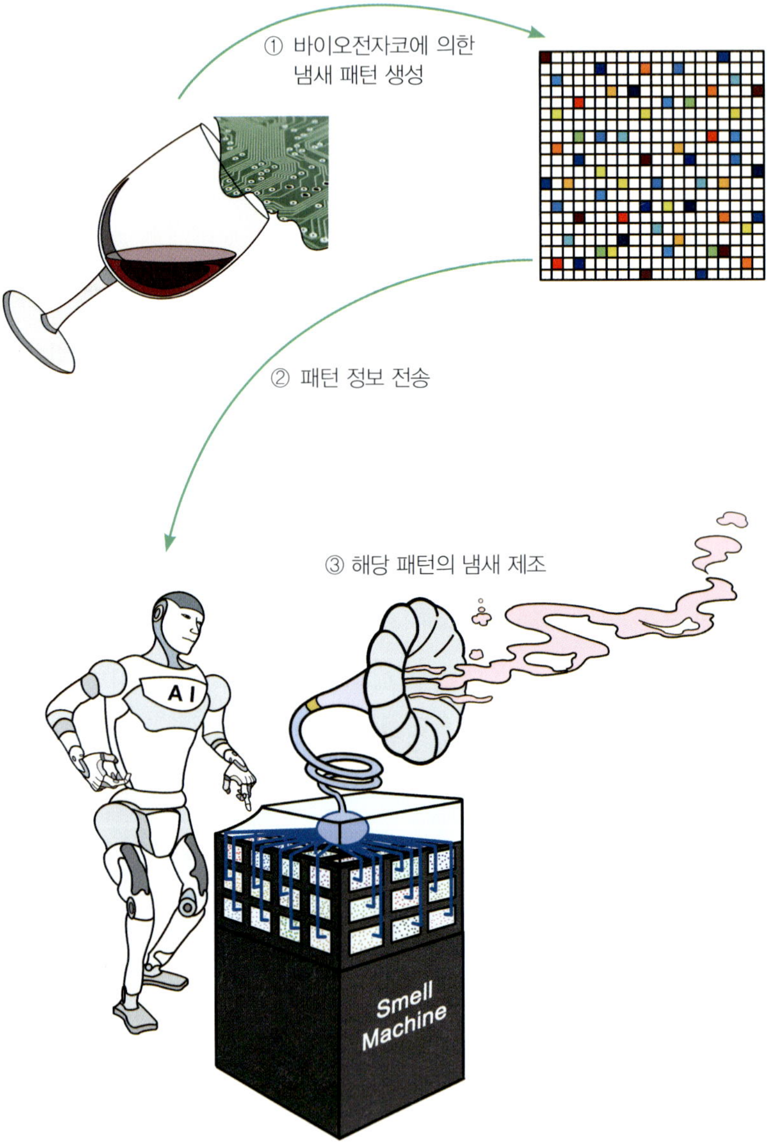

그림 8.6 바이오전자코가 생성한 패턴의 냄새를 제공하는 후각 출력 기술

종류와 세기)에 해당하는 출력 정보(상응하는 농도의 해당 맛 물질)를 제공해 주면 된다. 이상에서 이야기한 후각과 미각 정보의 입력과 출력 장치들이 개발되고 소형화되어 핸드폰에 장착될 날이 올 것으로 생각된다.

인공 시각

꽤 오래전에 방영되었던 미국 드라마 중에 '육백만 불의 사나이'란 드라마가 있었다. 이 드라마의 주인공은 사고로 두 다리, 한쪽 팔, 한쪽 눈을 잃어버리는데, 육백만 불을 들여서 잃어버린 신체 부위를 최신 기술로 보강하여 기존 기능 이상의 능력을 가진 초능력 인조인간으로 다시 탄생하여 활약을 펼치는 이야기이다. 보강된 다리 덕분에 자동차보다도 빨리 달리고, 보강된 팔은 괴력의 힘을 지니게 되며, 보강된 눈으로 수백 미터 밖의 물체도 정확하게 파악할 수 있다. 이 드라마에서와 같이 잃어버린 시각을 복원하려는 인공 시각 연구가 오래전부터 수행되어 오고 있다.

인공 시각을 이해하기 위해서 우리가 눈을 통해 사물을 보게 되는 과정을 간략히 살펴보기로 하자. 물체에 반사된 빛이 눈으로 들어와 시각 신경세포를 자극하여 전기신호를 발생시키고, 이 전기신호가 신경을 타고 뇌로 전달되어 사물의 모습을 인지하게 된다. 앞에서 살펴본 냄새를 인지하는 과정과 매우 유사하다. 냄새라는 화학 분자가 후각 신경세포 표면의 후각 수용체를 자극하여 전기신호를 발생시키는 것과 유사하게, 시각의 경우에는 빛이 시각 신경세포 표면의 광 수용체를 자극하여 전기신호를 발생시키는 것이다. 눈 밖으로부터 들어오는 빛은 각막을 통과하여 눈 안으로 들어오고 수정체에서 굴절이 일어난 후에 안구 뒤쪽 내부에 위치한 망막에 상이 맺힌다. 망막에는 시각 세포들이 위치해 있고, 이 시각 세포들은 표면에 광 수용체들을 가지고 있다. 망막까지 들어온 빛은 이 광 수용체들을 자극하여 신호를 만들고 이 신호는 전기신호 형태로 시각 신경을 통해 뇌에 전달됨으로써 사물을 보게 된다.

사물이나 글씨가 잘 안 보이면 보통 안과나 안경점에 가서 시력을 측정한 후에 적절한 안경이나 렌즈를 구입하여 착용함으로써 다시 잘 볼 수 있게 된다. 이 경우에 안경이나 렌즈는 수정체를 통과한 빛의 초점거리를 조정함으로써 상이 망막 위에 정확하게 맺히게 하는 역할을 한다. 따라서 망막에서 신호가 잘 발생하고 이 신호가 뇌로 전달되는 경로에 문제가 없는 경우에는 안경이나 렌즈를 착용함으로써 시력을 회복할 수 있다. 그러나 빛 신호가 뇌에서 인식할 수 있는 신경 신호로 변환되는 부분인 망막에 이상이 있거나, 혹은 신경 신호가 뇌로 전달되는 경로에 이상이 있는 경우에는 안경이나 렌즈를 가지고는 시력을 회복시킬 수 없다. 전자와 같이 망막에 문제가 있어서 빛 신호가 신경 신호로 적절하게 전환될 수 없는 경우에는 시각 신경세포를 전기적으로 자극하여 시력을 회복하려는 시도가 이루어지고 있고, 이를 인공 시각 기술이라고 한다.

이를 구현하기 위해서는 먼저 눈이 볼 대상 이미지 정보를 획득해야 하는데, 이 기술은 이미 카메라라는 장비를 가지고 있다. 즉, 카메라라는 시각 정보 입력 기술은 이미 확보되어 있다. 이렇게 카메라가 포착한 시각 정보인 영상신호는 무선통신장치를 이용하여 눈 속으로 보내진다.

이 신호는 안구 안의 망막 부분에 삽입된 극소형의 전극 칩으로 보내지고, 전극 칩은 전기 자극을 일으켜 시각 신경을 자극하여 이 신호가 뇌로 보내져서 이미지를 인식하게 되는 방법이다. 이와 같은 원리에 기반해 오랫동안 많은 연구가 수행되어 오고 있지만, 아직도 갈 길은 여전히 멀어 보인다. 그래도 인공 시각의 경우에는 적어도 카메라라는 시각 정보 입력 기술은 이미 확보되어 있는 상태이다.

인공 청각

'육백만 불의 사나이'가 인공 시각과 관련된 드라마라면, 인공 청각과 관련된 '소머즈'라는 제목의 미국 드라마도 있었다. 원제목은 '바이오닉 우먼'인데 한국에서는 '소머즈'란 제목으로 방영되었다. 소머즈는 이 드라마의 여자 주인공의 이름인데, 600만 불의 사나이와 차이점은 주인공이 여자라는 점과 600만 불의 사나이가 멀리 있는 물체를 볼 수 있는 시각을 가지고 있는 반면, 소머즈는 멀리서 속삭이는 매우 작은 소리도 들을 수 있는 초능력의 청각을 가지고 있다는 점이었다. 초능력 드라마에도 등장하는 인공 청각은 어떻게 구현되는지에 대해 살펴보기로 하자.

인공 청각을 이해하기 위해 먼저 우리가 귀를 통해 소리를 듣게 되는 과정을 살펴보자. 우리가 귀를 통해 듣는 소리는 공기의 진동이 파동을 이루어 퍼져 나오는 음파이다. 귓속으로 들어온 음파는 고막을 진동시키고, 고막에 연결된 청소골은 고막의 진동을 증폭시켜 달팽이관에 전달한다. 달팽이관 내부로 전달된 진동은 달팽이관 내부에 위치한 청각 세포의 감각모를 자극한다. 감각모가 돋아 있는 청각 세포는 파동 에너지를 신경 신호로 변환시키는 역할을 한다. 청각 세포의 흥분은 청각 신경을 통해 전기신호 형태로 뇌로 전달됨으로써 소리를 듣게 된다. 결국, 소리를 듣는 과정도 물체를 보는 과정이나 냄새를 맡는 과정과 매우 유사함을 알 수 있다.

시력이 떨어지면 안경이나 렌즈를 사용하듯, 나이가 들면서 청력이 떨어지면 보청기의 도움을 받게 된다. 보청기는 일종의 확성장치로서 단순히 소리의 크기를 키우는 장치이다. 그러나 파동을 신경 신호로 변환시키는 청각 세포가 선천적 혹은 후천적인 요인에 의해 손상을 입게 되면 보청기만으로는 청력을 회복시킬 수 없다. 이런 경우의 환자를 대상으로 하여 청력을 회복시킬 목적으로 인공 와우가 개발되었다. 와우는 달팽이관을 의미하며, 인공 와우란 청신경을 전기적으로 자극하여 소리를 들을 수 있게 하는 장치이다.

앞에서 이야기한 인공 시각 연구의 경우에는 아직 초보적인 수준에 머물러 있지만, 청각장애를 치료하기 위한 '인공 와우'는 이미 실용화되어 제품으로 시판되고 있으며, 병원에서 이를 귓속에 삽입하는 시술이 이루어지고 있다. 우리 귀속의 달팽이관 내에서는 인지할 음의 높낮이에 따라 자극되는 청각 신경의 위치가 매우 질서정연하게 정해져 있다. 즉, 높은음을 인지하는 청각 신경은 달팽이관의 초입 부분에 위치하고, 낮은음을 인지하는 청각 신경일수록 달팽이관 속 더욱 깊은 위치에서 인지한다. 따라서 인지하려는 소리의 주파수를 분석하고 해당 주파수를 인지하는 청각 신경을 전기적으로 자극하면, 우리의 뇌는 그 높이의 소리를 인지하게 된다. 이를 구현하기 위해서는 먼저 귀가 들을 대상인 소리 정보를 획득해야 하는데, 이 기술은 이미 녹음기라는 장비를 통해 획득할 수 있다. 즉, 청각 정보 입력 기술은 이미 확보되어 있다. 이렇게 녹음기가 포착한 청각 정보로부터 주파수를 분석하고, 소리의 주파수에 따라 달팽이관 내의 청각 신경의 해당 부위를 전기적으로 자극한다. 이렇게 정확한 위치를 전기적으로 자극하기 위해 인공 와우는 달팽이관 속으로 삽입될 수 있도록 유연하고 가느다란 재질 표면에 전극이 점점이 박힌 전기 자극기이다. 이를 귀속의 달팽이관 내의 청각 신경 부위에 삽입하는 시술을 거치면, 소리를 못 듣던 사람이 소리를 듣게 되는 것이다.

인공 후각과 인공 미각

앞에서 보았듯이 시각과 청각의 경우에는 입력 기술들이 잘 발달 되었기 때문에 시각과 청각에 대한 외부 정보를 받아들이고 이 정보에 따라 인간의 시각 기관과 청각 기관을 자극하여 이를 뇌가 느끼게 하는 원리이다. 후각과 미각의 경우에도 이런 방법이 가능해지려면, 우선으로 외부의 후각 정보와 미각 정보를 받아들이는 입력 기술의 발달이 선행되어야 하고, 이는 바이오전자코와 바이오전자혀의 발달로 가능해질 것으로 기대된다. 그러나 이런 입력 기술이 개발되더라도, 매우 어려운 관문이 남아 있다. 입력된 정보에 따라 인간의 후각 기관과 미각 기관을 자극하여 뇌로 그 정보를 보내야 하는데, 이 과정이 만만해 보이지는 않는다.

후각의 경우에 자극해야 할 지점은 후각 망울 내에 위치한 사구체가 가장 적절해 보인다. 앞에서 이야기하였듯이 이 사구체들이 만들어 낸 점묘화 패턴이 냄새의 정보이기 때문이다. 그런데 우리는 아직도 어떤 사구체가 어떤 후각 수용체와 연결되어 있는지도 파악하고 있지 못할뿐더러 설령 알게 되더라도 해당 사구체를 정확하게 자극하는 장치를 고안하여 후각 망울에 장착하여야 하는데, 이것 또한 만만해 보이지는 않는다. 미각의 경우에는 앞에서 이야기 한 바와 같이 미뢰(맛봉오리) 속에 다섯 가지 맛 세포가 모두 들어 있다. 따라서 미각 입력 정보에 따라 미뢰 속의 해당 맛 세포를 자극할 수 있는 기술이 개발되어야 한다. 이것 또한 만만해 보이지는 않지만, 만약 이런 기술이 개발된다면 소위 말하는 '전자 음식electronic food' 혹은 '사이버 음식'이 가능해질 수도 있겠다. 실제 음식을 먹지 않고도 뇌가 맛을 느끼게 하는 기술이다. 지금으로서는 공상 과학 소설에나 나올 법한 이야기이지만, 과학적 원리는 밝혀졌으니 이를 구현하는 기술의 개발이 얼마나 진전될 수 있을지는 두고 보아야 할 일이다.

9장

냄새와 맛을 느끼기 위한 최초의 관문

후각 수용체와 미각 수용체

후각 경로
저는 후각 수용체입니다.
냄새 정보를 후각 경로를 통해
뇌로 전달해 드리겠습니다.
미각 경로
냄새 정보
SMELL
RECEPTION
맛 정보
TASTE
RECEPTION

우리가 보고 있는 것을 핸드폰 카메라로 찍고, 듣고 있는 것을 핸드폰 녹음기로 녹음을 하듯이 우리가 주위로부터 느끼는 냄새와 맛에 대한 정보를 그대로 핸드폰에 담는 데 필요한 가장 중요한 소자가 바로 후각 수용체와 미각 수용체이다. 이들 수용체는 인체의 외부 환경에 존재하는 냄새 분자와 맛 분자가 인체의 기관과 가장 처음 접촉하는 장소이기도 하다. 수용체는 영어로 리셉터receptor이다. 호텔 로비에 들어서면 손님을 맞이하는 리셉션 데스크가 있듯이 냄새 분자와 맛 분자를 처음으로 맞이하는 곳이다. 이들 수용체는 외부로부터 들어온 냄새 분자와 맛 분자를 맞이하기 위해 후각 세포와 미각 세포의 표면에 노출되어 있다. 수용체는 세포막을 관통하고 있는 상태로 자리 잡고 있음으로 인해 외부의 냄새 분자나 맛 분자가 결합했다는 것을 세포 내로 알려줌으로써 이 정보가 뇌로 전달되게 하는 첫 번째 관문 역할을 한다. 냄새를 맡고 맛을 보는 핸드폰을 만들기 위해 가장 중요한 핵심 소자인 후각 수용체와 미각 수용체의 생김새와 기능 및 특성에 대해 더 자세히 알아보기로 하자.

후각 수용체의 생김새

후각 수용체는 후각 신경세포의 막을 7번 들락날락하며 관통하고 있는 상당히 복잡한 구조를 가지고 있다(그림 9.1(a)). 우리 몸에는 후각 수용체나 미각 수용체 이외에도 수많은 종류의 수용체가 존재한다. 이들의 역할은 세포 외부의 신호를 받아서 세포 내부로 전달하는 역할을 하고 있으며, 대부분의 수용체들은 이와 같이 막을 7번 관통하고 있는 형태를 가지고 있고, 이를 '7-막관통 수용체' 혹은 '7-막관통 단백질'이라고 부른다. 수용체도 단백질의 일종이다. 이 구조를 더 자세히 들여다보면, 막의 외부에 노출되어 있는 부분, 막을 관통하고 있는 부분, 막의 내부에 위치하는 부분으로 구분할 수 있다. 막의 외부에 노출되어 있는 부분은 N-말단 부위와 3개의 세포 외 고리Extracellular Loop(EL1, EL2, EL3)로 이루어져 있고, 막을 관통하는 부분은 7개의 막관통 부위TransMembrane(TM1~TM7)로 이루어져 있으며, 막의 내부에 위치하는 부분은 3개의 세포 내 고리Intracellular Loop(IL1, IL2, IL3)와 C-말단 부위로 이루어져 있다. 여기서 N-말단, C-말단이란 단백질의 구조를 이야기할 때, 어김없이 등장하는 용어로서 모든 단백질이 N(질소)을 포함하는 아민기에서 시작하여 C(탄소)를 포함하는 카복실기로 끝나기 때문이다. 따라서 N-말단은 단백질 구조의 시작 부위를 의미하고, C-말단은 단백질 구조의 마지막 부위를 의미한다. 막을 관통하는 부분(TM1~TM7)은 세포막의 지질 부분과 접해 있는 부분이고, 반면에 막의 외부에 노출되어 있는 부분(N-말단 부위, EL1~ EL3)과 세포막의 내부에 위치하고 있는 부분(IL1~IL3, C-말단 부위)은 모두 수용액에 잠겨 있는 상태이다.

단백질은 아미노산이 손에 손을 잡고 연결되어 있는 구조이다. <그림 9.1(b)>의 작은 원들은 각각의 아미노산들을 나타낸다. <그림 9.1(b)>는 설명을 쉽게 할 수 있도록 <그림 9.1(a)>를 펼쳐 놓은 구조이며, 실제의 3차원적 구조는 <그림 9.1(a)>와 같이 TM1~TM7의 원통들이 다발을 이루는 구조를 하고 있다. 아미노산이 구슬이라면, 구슬들이 실로 꿰어진 형태가 단백질인 셈이다. 단백질을 구성하고 있는 아미노산의 종류는

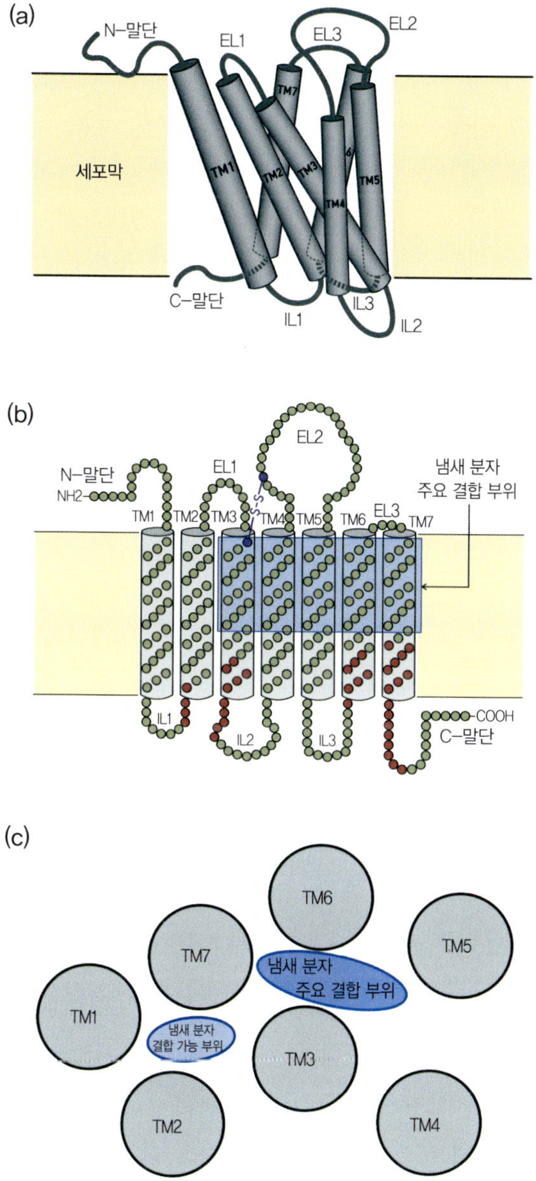

(a) 세포막을 7번 들락날락하는 구조를 가지고 있는 후각 수용체. 세포막의 외부에 노출되어 있는 부분(N-말단 부위, EL1~ EL3), 막을 관통하는 부분(TM1~TM7), 세포막의 내부에 위치하고 있는 부분(IL1~IL3, C-말단 부위)으로 이루어져 있음.

(b) 아미노산들의 연결로 이루어진 후각 수용체. 세포막은 엷은 노란색 바탕으로 표시됨. 이황화 결합에 가담한 시스테인은 보라색 구슬로 표시됨. 400종류의 후각 수용체 간에도 동일한 아미노산으로 보존되는 부분은 빨간색 구슬로 표시됨. 냄새 분자가 결합하는 구역은 하늘색 바탕으로 표시됨.

(c) 냄새 분사가 후각 수용체에 결합하는 부위(세포막을 관통하는 7개의 원통을 위에서 내려다본 모양)

그림 9.1 후각 수용체의 구조

20가지이다. 따라서 후각 수용체라는 단백질은 20종류의 구슬이 실에 꿰어진 형태를 하고 있다. 세포막 부분은 그림에서 엷은 노란색 바탕으로 표시되었으며, 세포막의 위쪽이 세포 외부이고, 아래쪽이 세포 내부이다. 후각 수용체의 구조는 세포막 외부에 위치한 N-말단에서 시작하여 세포를 관통해 내부로 들어갔다가 다시 세포를 관통해 외부로 나오는 7회의 관통을 들락날락 반복한 후 세포 내부에 위치한 C-말단서 끝나는 매우 복잡한 구조를 하고 있다. 7개의 TM 부위는 각각이 원통 형태의 구조를 가지고 있는데, 실에 꿰어진 아미노산 구슬들이 원통 내에서 용수철같이 나선 형태로 빙글빙글 돌며 원통 내에 들어 있는 형태이다. 이런 구조를 더 자세히 들여다보면, TM3의 맨 윗부분에 위치한 시스테인(아미노산의 한 종류, 보라색 구슬)과 EL2에 위치한 또 다른 시스테인(보라색 구슬) 간에는 이황화 결합(두개의 황으로 연결된 결합, -S-S-)을 하고 있는데, 이 결합은 두 시스테인 간의 연결 다리를 구축함으로써 수용체의 구조를 잡아 주는 역할을 하고 있다.

후각 수용체는 분자량이 30,000달톤 정도의 거대 분자임에 반해, 이와 결합하는 냄새 분자는 300달톤 이하의 작은 분자이다. 작은 크기의 냄새 분자는 거대한 구조의 후각 수용체 속 공간을 파고 들어가, 자기의 구조와 꼭 맞는 후각 수용체 내의 공간을 찾아서 그 부위에 결합한다. 냄새 분자가 결합하는 후각 수용체 내의 공간을 결합 포켓이라고 부르며, 작은 크기의 냄새 분자는 이 포켓 속을 끊임없이 드나든다. 따라서 후각 수용체가 냄새 분자의 결합에 의해 켜졌다 커졌다 하는 단순한 온/오프 스위치라기보다는 냄새 분자의 농도에 따라 다른 세기로 후각 수용체를 자극한다. 냄새 분자가 주로 결합하는 부위를 <그림 9.1(b)>

에 하늘색 구역으로 표시하였다. 그림에서 표시된 바와 같이 냄새 분자는 주로 TM3~TM7 부위에 결합한다. 7개의 원통을 위에서 내려다본 모양은 <그림 9.1(c)>와 같다. 냄새 분자가 주로 결합하는 결합 포켓은 TM3~TM7으로 둘러싸인 부분에 존재한다. 많은 냄새 분자들이 주로 후각 수용체의 이 구역과 결합을 한다는 것이지 모든 냄새 분자가 이 구역에만 결합한다는 의미는 아니며, <그림 9.1(c)>의 TM2와 TM7 사이의 공간에도 냄새 분자가 결합할 가능성이 있는 것으로 여겨지고 있다.

인간의 경우에 약 400종류의 후각 수용체를 가지고 있다는 이야기를 하였다. 따라서 <그림 9.1(b)>에서 하늘색 바탕으로 나타낸 구역은 다양한 냄새를 인지하고 구별하는 데 필요한 부분으로서 후각 수용체에 따라 그 차이가 많은 부분이다. 반면에 냄새 분자가 결합하지 않는 부위는 수용체 간에 굳이 다른 구조를 가질 필요가 없으므로 다른 후각 수용체 간에도 차이를 나타내지 않고 보존되어 있다. 이렇게 보존되어 있는 부분은 <그림 9.1(b)>에 빨간색 구슬로 표시되었으며, 이 빨간색 구슬들은 그림과 같이 TM2, TM3, TM6, TM7의 세포막의 아래쪽인 세포 안쪽 부분에 위치하고 있다.

미각 수용체의 생김새

후각 수용체는 400종류 모두가 앞에서 기술한 바와 같은 유사한 구조를 가지고 있으나, 미각 수용체의 경우에는 5가지 맛에 따라 각각 다른 형태의 수용체를 가지고 있다. 앞에서 언급한 바와 같이 다섯 가지 맛을 감지하는 각각의 미각 수용체들은 2000년대에 들어와서야 비로소 밝혀졌다. 가장 먼저 발견된 미각 수용체는 쓴맛 수용체로서 2000년에 처음 발견되었고, 다음으로 단맛 수용체가 바로 다음 해인 2001년에, 그다음 해인 2002년에는 우마미 수용체가 발견되었다. 그 후 2006년에는 신맛 수용체가 발견되었고, 2010년에는 짠맛 수용체가 발견됨으로써 5가지 맛에 대한 수용체가 모두 발견되었다. 그러나 이것이 혀에 존재하는 모든 미각 수용체는 아닐 것으로 생각되며, 새로운 미각 수용체를 찾는 노력들은 계속되고 있다.

5가지 맛에 대한 미각 수용체 중에 신맛과 짠맛 수용체는 후각 수용체와는 다른 종류의 막 단백질인 '이온 채널'에 속한다. '이온 채널'도 후각 수용체와 유사하게 세포막에 위치해 있는 단백질이지만, 차이점은 그 단백질 자체가 맛 이온(신맛은 H^+, 짠맛은 Na^+)을 통과시키는 채널 역할도 함께 한다는 점이다. 맛 이온이 이 수용체와 결합하면 수용체의 통로가 열려서 맛 이온을 세포 속으로 들여 보내는 역할을 한다. 미각 수용체 중에서 후각 수용체와 가장 유사한 구조를 가지고 있는 수용체는 쓴맛 수용체로서 후각 수용체와 같이 세포막을 7번 들락날락하는 구조를 가지고 있고, 수용체의 크기도 후각 수용체와 유사하다. 반면, 나머지 두 가지 수용체인 단맛 수용체와 감칠맛 수용체는 후각 수용체와 같이 세포막을 7번 들락날락하는 구조를 가지고 있지만, 세포 외부에 위치한 N-말단 부위에 소위 '파리지옥venus flytrap, VFT'이라고 불리는 덩치가 큰 부분을 가지고 있다(그림 9.2). 단맛 물질과 감칠맛 물질은 주로 이 파리지옥 부분과 결합을 한다. 앞에서도 언급하였지만, 이 수용체들은 두 개의 서로 다른 수용체 분자가 한 조를 이루어 기능하고 있다. <그림 9.2>

와 같이 단맛 수용체는 T1R2와 T1R3가 한 조를 이루고 있고, 감칠맛 수용체는 T1R1과 T1R3가 한 조를 이루고 있다. 두 종류의 수용체 모두가 T1R3 분자는 공통으로 가지고 있다. 단맛 물질은 T1R2의 파리지옥 부분과 감칠맛 물질은 T1R1의 파리지옥 부분과 각각 결합한다.

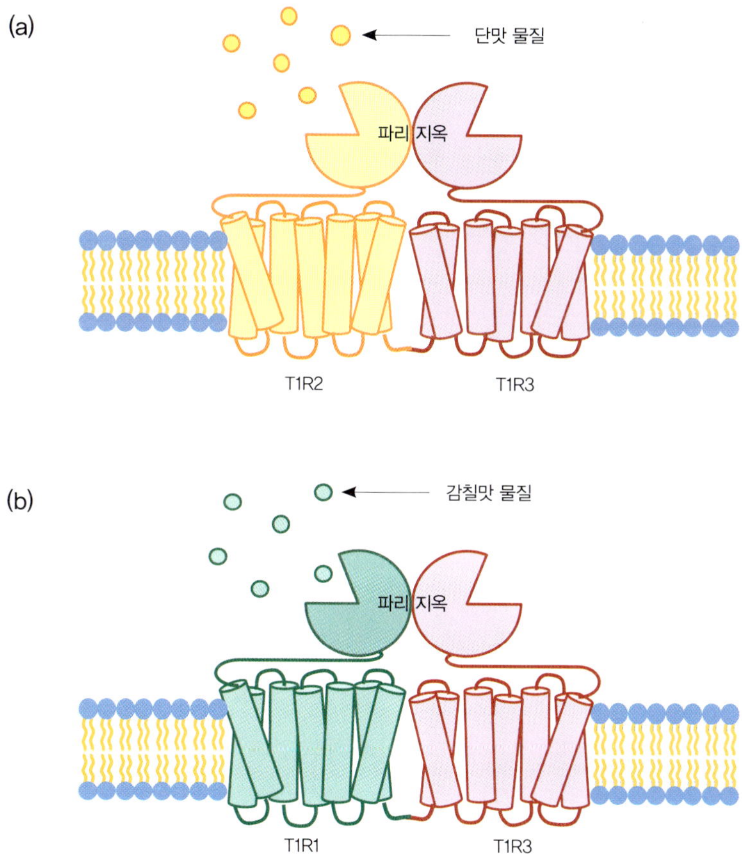

그림 9.2 (a) 단맛 수용체 (b) 감칠맛 수용체

후각·미각 수용체의 특성과 GPCR

모든 종류의 후각 수용체와 쓴맛 수용체, 단맛 수용체, 감칠맛 수용체는 GPCRG-Protein-Coupled Receptor의 일종이다. GPCR은 그 명칭에도 나타나 있듯이 G-단백질과 결합되어 있는 수용체이며 '7-막관통 수용체'이다. 현재 전 세계적으로 판매되고 있는 의약품 중의 1/3~1/2이 GPCR과의 결합을 통해 약효를 나타내고 있는 것으로 보고되고 있을 정도로 GPCR은 우리 몸에서 매우 중요한 역할을 하고 있다. 인간의 몸에 있는 GPCR의 종류는 1,000종에 이르고, 이 중에 400종이 후각 수용체이고 25종이 쓴맛 수용체이다. 단맛 수용체와 감칠맛 수용체는 각각 1종씩이다. 수용체라는 이름에 나타나 있듯이 GPCR은 세포 외부의 정보를 세포 내부로 전달해 주는 역할을 한다. 세포 외부의 정보에는 생명체가 살아가는 데 있어서 기본적으로 필요한 빛과 영양분뿐만 아니라 주위의 다른 세포들이 전해주는 신호들도 이에 포함된다. GPCR은 클래스 A, B, C의 세 종류로 분류되는데, 후각 수용체와 쓴맛 수용체는 클래스 A에 속하고, 커다란 덩치의 파리지옥을 가지고 있는 단맛 수용체와 감칠맛 수용체는 클래스 C에 속한다.

후각 수용체와 미각 수용체의 일부를 포함한 GPCR은 외부의 자극물질(후각 수용체의 경우에는 냄새 분자, 미각 수용체의 경우는 맛 분자)에 의해 G-단백질이 활성화되고, 이렇게 활성화된 G-단백질은 일련의 세포 내 신호전달 과정을 일어나게 한다. <그림 9.3>은 후각 세포에서 G-단백질이 활성화되는 과정을 보여주고 있다. 냄새 분자가 후각 수용체와 결합을 하면(그림 9.3(a)), 세포 내에서 G-단백질이 후각 수용체와 결합을 한다(그림 9.3(b)). G-단백질이 후각 수용체와 결합을 하는 과정에서, 후각 수용체의 TM3과 TM6 간의 구조 변화가 중요한 역할을 하는 것으로 여겨진다. 냄새 분자가 후각 수용체의 결합 포켓 속으로 들어오면, 세포외 고리 중 가장 큰 EL2가 뚜껑 역할을 하여 포켓 공간을 덮는 구조 변화가 일어나고, 이로 인해 TM6의 하단이 TM3로부터 멀리 떨어지며 벌어짐으로써 G-단백질이 후각 수용체에 결합할 공간을 제공해 준다. G-

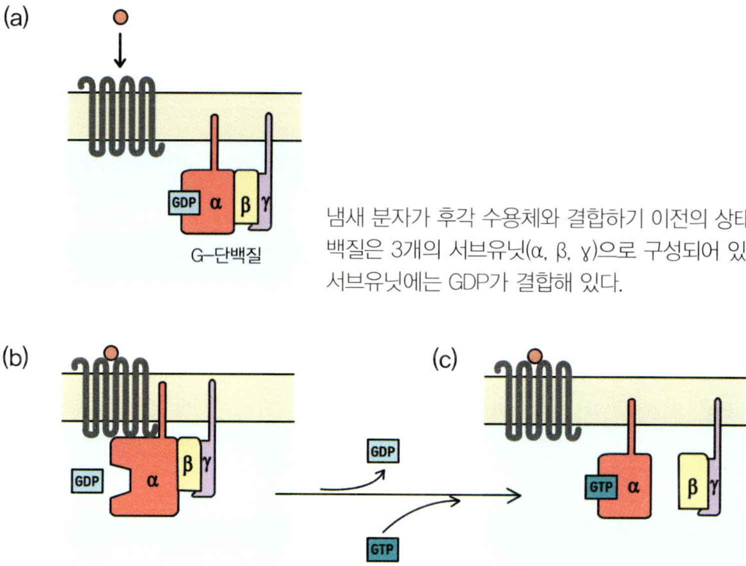

냄새 분자가 후각 수용체와 결합하기 이전의 상태. G–단백질은 3개의 서브유닛(α, β, γ)으로 구성되어 있으며, α 서브유닛에는 GDP가 결합해 있다.

냄새 분자가 후각 수용체와 결합을 하면, G–단백질이 후각 수용체와 결합을 한다. 그러면 G–단백질에 붙어 있던 GDP가 떨어져 나오고, 대신 GTP가 그 자리에 들어간다.

GTP와 결합된 G–단백질은 후각 수용체로부터 떨어져 나오고, α 서브유닛도 β, γ 서브유닛과 분리된다. 이러한 과정을 통해 G–단백질이 활성화되고, 후속 과정을 거치면서 전기 신호를 발생시킨다.

그림 9.3 G–단백질의 활성화 과정

단백질은 3개의 서브유닛(α, β, γ)으로 구성되어 있으며, α 서브유닛에는 GDPguanosine diphosphate(구아노신 2인산)가 결합해 있다. G-단백질이 후각 수용체와 결합을 하면, G-단백질에 붙어 있던 GDP가 떨어져 나오고 대신에 GTPguanosine triphosphate(구아노신 3인산)가 그 자리에 들어가고, G-단백질은 후각 수용체로부터 떨어져 나온다. 이때 α 서브유닛도 β, γ 서브유닛과 분리된다(그림 9.3(c)). 이와 같은 과정을 통해 G-단백질이 활성화되어 세포 속에서 일어나는 후속 반응들을 진행시킨다.

후각 · 미각 세포에서의 신호 생성

후각 세포는 그 자체가 신경세포인 반면, 미각 세포는 신경세포가 아니다. 후각 세포는 신경세포이므로 자신의 세포에서 전기 신호가 발생되고, 이 전기 신호는 신경을 타고 뇌의 후각 망울로 전달된다. 후각 세포의 경우에 위에서 기술한 과정을 통해 활성화된 G-단백질은 이후에 후속 다단계 반응들을 거치면서 전기 신호를 발생시킨다(그림 9.4). 활성화된 G-단백질의 α 서브유닛은 우선으로 아데닐릴 고리화효소를 활성화시켜서, ATP를 고리 형태의 구조를 가진 화합물인 cAMP로 변환시킨다. 이렇게 생성된 cAMP는 세포막에 있는 칼슘 채널을 열어 준다. 칼슘 채널이 열리면 세포 밖의 칼슘 이온이 이 채널을 통해 세포 안으로 유입된다. 유입된 칼슘 이온은 또 다른 채널인 염소 채널을 열고, 이로 인해 세포 안의 염소 이온은 이 채널을 통과하여 세포 밖으로 빠져나간다. 이런 과정을 통해 플러스 이온인 칼슘 이온은 세포 내로 들어오고, 마이너스 이온인 염소 이온은 세포 밖으로 나감으로써 세포 내에는 플러스(+) 이온이 증가하고 세포 밖에는 마이너스(-) 이온이 증가한다. 이로 인해 세포막 안팎의 전압 차가 발생하게 된다. 후각 수용체가 위치한 후각 신경세포의 섬모에서 발생한 전압 차는 후각 신경을 타고 후각 신경의 또 다른 끝에 있는 후각 망울 속의 사구체로 전해지고, 이로 인해 사구체 내의 후각 신경의 끝부분에서 신경전달 물질을 분비하게 된다. 분비된 신경 전달 물질은 후각 신경과 시냅스를 이루고 있는 사구체 내의 다른 신경들(승모/방상 세포)을 자극함으로써 신경 신호는 뇌의 더 깊숙한 곳으로 전달된다.

후각 세포는 신경세포지만, 미각 세포는 신경세포가 아니어서 스스로 신경 신호를 전달하지는 못한다. 대신, 미각 세포는 주위에 인접한 신경세포를 자극하는 방법으로 뇌에 신호를 보낸다. 미각 수용체 중에서 쓴맛, 단맛, 감칠맛 수용체는 후각 수용체와 마찬가지로 GPCR에 속한다는 이야기를 하였다. 따라서 이 세 종류의 미각 수용체의 경우에는 맛 분자가 미각 수용체와 결합을 하면 G-단백질이 활성화됨으로써 세

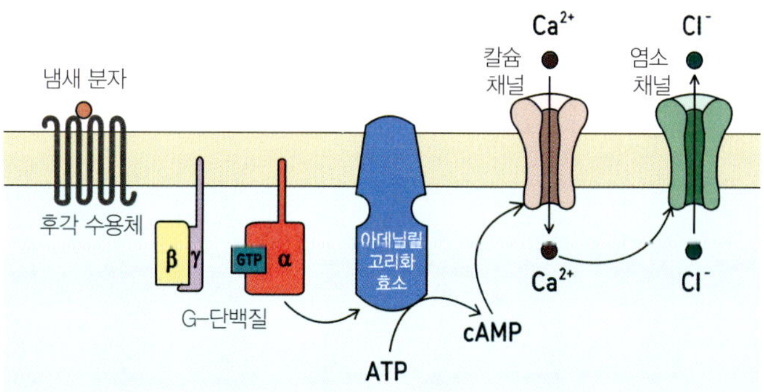

그림 9.4 냄새 분자와 후각 수용체의 결합에 의한 전기 신호 발생 과정

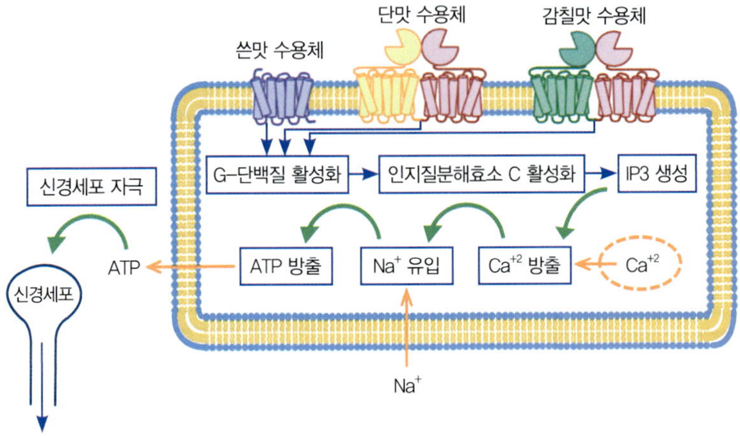

그림 9.5 미각 세포의 신호 발생. 맛 분자가 미각 수용체와 결합을 하면 G-단백질이 활성화됨으로써 마각 세포 내에서의 신호 전달이 일어난다. 미각 세포는 신경세포가 아니므로 주위에 인접한 신경세포를 자극함으로써 신호를 뇌로 전달한다.

포 내에서의 신호 전달이 일어난다[1]. G-단백질이 활성화되면, 이로 인해 인지질분해효소 C가 활성화되고, 그 결과 IP3inositol trisphosphate(이노시톨트리스인산)가 생성되고, 이는 세포 내 칼슘 주머니를 열어서 칼슘 이온이 세포질 내로 방출된다(그림 9.5). 이로 인해 세포막의 나트륨 채널이 열려서 세포 밖의 나트륨 이온이 세포 내로 유입된다. 이와 같은 과정에 의해 결과적으로 세포는 ATP를 방출한다. 이 ATP가 신경전달물질 역할을 하여 인접한 신경세포를 자극함으로써 그 신경을 통해 신호를 발생하게 하고, 발생된 신경 신호가 뇌로 전달된다.

후각·미각 수용체의 종류와 의미

인간의 경우 후각 수용체는 약 400종으로서 매우 많은 종류를 가지고 있어서 냄새 분자와의 결합패턴이 중요하다는 이야기를 하였다. 반면, 인간의 미각 수용체 중에는 쓴맛 수용체만이 25가지의 다양한 수용체를 가지고 있지만, 이들 25가지의 수용체의 경우에는 어떤 수용체와 결합하더라도 한 종류의 맛인 쓴맛을 느낀다. 따라서 쓴맛 수용체의 경우에는 어떤 수용체가 어떤 쓴맛 물질과 결합하는지가 그리 중요할 것으로 여겨지지는 않는다. 적어도 맛의 관점에서는 그렇다. 왜냐하면, 어느 것과 결합하더라도 결국은 쓴맛을 느끼기 때문이다. 그러나 후각 수용체의 경우에는 결합하는 조합 패턴에 따라 냄새가 달라지기 때문에 각각의 후각 수용체가 어떤 냄새 분자들과 결합을 하는지는 중요한 사항이다. 이를 실험적으로 밝히기 위해 유전공학적 기법이 사용되었다. 즉, 후각 수용체 정보를 가지고 있는 유전자를 인위적으로 도입함으로써 그 기능을 확인하려는 노력이었다. 후각 기능을 가지고 있지 않은 세포에 후각 수용체 유전자를 도입하여 후각 기능을 가진 세포로 만들고, 어떤 냄새 분자와 반응하는지를 관찰하는 방법이다. 각각의 후각 수용체가 어떤 냄새 분자들과 결합하는지를 밝히는 작업은 엄청나게 많은 경우의 수를 포함하는 매우 지난한 작업이고 이에 대한 실험들은 아직도 계속 진행되고 있다.

앞에서 언급한 바와 같이 후각 수용체는 400종류가 존재하는데, 만약에 한 종류의 후각 수용체가 한 종류의 특정 냄새 분자하고만 특이적으로 결합을 한다면, 우리 코는 고작해야 400종류의 냄새 분자만을 구별할 수 있을 것이다. 그런데 우리 코는 수많은 종류의 냄새를 구별할 수 있다. 이를 위해 한 종류의 후각 수용체는 여러 종류의 냄새 분자와 결합할 수 있고, 역으로 한 종류의 냄새 분자는 여러 종류의 후각 수용체와 결합할 수 있는 특성을 가지고 있다. 예를 들어, <그림 9.6>에서 냄새 분자 a는 세 종류의 후각 수용체 A, C, D와 결합을 하고, 냄새 분자 b~g는 두 종류의 후각 수용체와, 냄새 분자 h는 한 종류의 후각 수용체 B와 결합하는 예를 보여 주고 있다. 또한, 후각 수용체 A는 냄새 분자 a, b, c, d와 결합을 하고, 후각 수용체 B는 냄새 분자 b, e, f, h와 결합하는 예를 보여 주고 있다. 이런 특성으로 인해 냄새 분자는 후각 수용체와 결합하여 냄새 분자마다 다양한 조합 패턴을 만들어 낼 수 있다[2]. 이 그림에서

그림 9.6 냄새 분자와 후각 수용체가 만들어 내는 다양한 조합 패턴

는 매우 간단한 예를 보였는데도 8가지의 냄새가 4종류의 후각 수용체와 결합한 결과는 모두 다른 조합 패턴을 보인다. 따라서 우리 코는 수많은 냄새들에 대해 400종류의 후각 수용체를 사용하여 각각 다른 조합 패턴을 만들어 냄으로써 그 냄새들을 구별해 낸다.

후각 수용체는 수십 가지 이상의 비교적 많은 종류의 냄새 분자와 결합을 하는 '넓은 영역 특성'을 가진 수용체와 수가지 정도의 비교적 적은 종류의 냄새 분자와 결합을 하는 '좁은 영역 특성'을 가진 수용체로 구분할 수 있다. 인간 후각 수용체의 결합 특성에 대한 데이터가 충분하지 않아서 단정적으로 이야기할 수는 없지만, 현재까지의 데이터에 따르면, 넓은 영역 특성을 가진 후각 수용체보다는 좁은 영역 특성을 가진 후각 수용체가 더 많은 것으로 나타나고 있다[3]. 그렇지만 아직도 데이터가 매우 제한적으로 적은 점을 감안한다면, 현재는 좁은 영역 특성을 가지는 것으로 여겨지는 후각 수용체일지라도 더 많은 실험을 통해서 이 수용체와 결합 가능한 더 많은 냄새 분자를 찾아낸다면, 추후에는 넓은 영역 특성을 가진 후각 수용체로 수정하여 분류될 수도 있을 것이다.

넓은 영역 특성을 가진 수용체들은 특정 냄새 분자들에 대한 선호성이 낮아 다양한 냄새 분자들과 비선택적으로 결합하는 특성을 가지고 있다. 그렇다면 이런 특성을 가진 후각 수용체의 역할은 '단순히 냄새 분자의 유무만을 인지하는 역할을 하는 것인가? 아니면 이런 특성의 후각 수용체도 냄새를 구별하는 데 역할을 하는 것인가?'라는 의문이 제기된다. 후각 수용체 1~2종류에 의해서만 냄새 패턴이 생성되는 것이 아닌 점을 감안한다면, 이에 대한 답변은 후자가 될 것이다[4]. 넓은 영역 특성을 가진 3가지의 후각 수용체의 경우에 대해 예를 들어 보기로 하자.

후각 수용체 A는 30가지, B는 25가지, C는 20가지의 냄새 분자와 결합하는 경우라고 생각할 때, 수용체 A만으로는 30가지 냄새 분자에 대해 구별할 수 없지만, 수용체 A와 B가 동시에 작용을 하는 경우에는 A와 B의 공통집합에 해당하므로 훨씬 적은 경우의 수로 축소되고, 3개의 수용체 A, B, C 모두가 작용하게 되면 세 경우의 공통집합이 되므로 더욱 적은 경우의 수로 축소되므로 수용체의 가짓수가 더 증가하면, 넓은 영역 특성을 가진 후각 수용체들일지라도 결국은 1가지의 냄새 분자로도 특정 지어진다는 것을 알 수 있다. 결과적으로 넓은 영역 특성을 가진 후각 수용체일지라도 여러 종류의 수용체가 사용될 수 있다는 요소에 의해 이들이 단순히 냄새 분자의 유무만을 알려주는 역할이 아니라 냄새를 구별하는 데 기여할 것이라는 것을 알 수 있다.

후각 수용체가 유사하면 유사한 종류의 화학구조를 가진 냄새 분자와 결합할 것이라는 것을 짐작할 수 있다. 후각 수용체의 유사도는 수용체 단백질을 구성하고 있는 아미노산 서열의 유사성을 가지고 판단한다. 아미노산 서열이 40% 이상 같으면 동일한 패밀리로 분류되고, 그 중에서도 60% 이상 같은 것들은 같은 서브 패밀리로 분류된다. 후각 수용체의 명칭은 ORnXm 형태로 표기되는데, 이 명칭도 후각 수용체의 아미노산 서열 유사성에 기반해 명명된다. 여기서 OR은 후각 수용체 olfactory receptor를 의미하고, n은 패밀리를 나타내는 숫자, X는 서브 패밀리를 나타내는 알파벳 대문자, m은 개별 일련번호이다. 예를 들어, 'OR2A1'이 의미하는 바는 후각 수용체 2번 패밀리의 A 서브 패밀리에 속하는 것 중에 첫 번째 것을 의미한다. 후각 수용체의 아미노산 서열이 유사하다는 것은 그 수용체의 해당 유전자가 유사하다는 것을 의미하는

데, 유사한 후각 수용체의 유전자는 염색체상의 유사한 부위에 위치하고 있다는 연구 결과가 보고된 바 있다[5].

후각 수용체 유전자의 개수는 400개인데, 시각 수용체(광 수용체)의 개수는 4개이다. 이를 고려하면 시각의 100배에 달하는 유전자를 후각에 할애하고 있는 셈이다. RGBred, green, blue 3가지 색깔의 빛으로 이 세상 모든 색의 빛을 만들어 낼 수 있듯, red 파장 영역의 빛, green 파장 영역의 빛, blue 파장 영역의 빛과 각각 반응하는 세 종류의 광 수용체와 명암을 구별하는 한 종류의 광 수용체를 합쳐서 모두 네 종류의 광 수용체가 우리 눈의 망막 부분에 존재한다. 시각에 고작 4개의 유전자를 할애하고 있는 반면, 인간이 가지고 있는 전체 유전자의 2%에 가까운 400개의 유전자를 왜 후각에 할애하고 있을까?

이에 대한 심오한 의미를 우리는 아직 완전히 이해할 수는 없지만, 냄새라는 정보를 인지하는 것이 그만큼 어려운 일이라는 것을 증명해 주는 것은 아닐까? 시각이 인지하는 색깔은 어디에 있는 색깔이든 동일한 색깔이다. 어린아이가 성인이 되었다고 해서 못 보았던 새로운 색을 보게 되는 경우도 없고, 한국에 사는 사람이 미국에 갔다고 해서 못 보던 색깔을 미국에서 새로 보는 일이 발생하지는 않는다. 그러나 냄새의 경우는 생전 처음 맡아보는 냄새를 맡는 경우가 종종 발생할 수 있다. 아이가 성인이 되어 와인을 마시게 되면 생전 처음 와인 향을 맡게 되고, 인도 여행을 하다 보면 한 번도 맡아보지 못했던 수많은 종류의 카레 향을 접하게 되기도 한다. 이런 무한히 많은 종류의 미지의 냄새 정보를 받아들이기 위해서 이렇게 많은 유전자를 할애하고 있다는 생각을 할 수도 있겠다.

앞에서도 언급한 바와 같이, 미각 수용체 중에서 그 종류가 가장 많은 것은 쓴맛 수용체로서 인간의 경우에는 25가지가 있다. 25가지가 적은 수는 아니지만, 수백 가지에 이르는 쓴맛 물질을 커버하기 위해서는 각 수용체 하나하나가 여러 종류의 쓴맛 물질들과 결합을 할 수 있을 것으로 생각되었다. 이를 확인하기 위해 마우스와 사람의 후각 수용체 몇 개에 대해 실험을 해 보았는데, 예상과는 다르게 각 수용체가 실험에 사용된 55가지의 쓴맛 물질 중에서 고작해야 1~2가지의 쓴맛 물질하고만 결합한다는 실험 결과를 얻었고, 생각했던 것과는 다르게 쓴맛 수용체는 특정 쓴맛 물질하고만 결합하는 매우 선택적 특성이 있다는 것을 알 수 있었다[6]. 그렇다면 어떻게 25가지의 수용체를 사용하여 수백 가지의 쓴맛 물질을 감지할 수 있는지에 대한 의문이 대두되었다.

이런 의문에 대한 가능한 해답으로서 쓴맛 수용체가 단분자로 존재하기도 하지만, 단맛 수용체나 감칠맛 수용체같이 두 개의 분자가 쌍을 이루고 기능을 할 가능성을 생각하게 되었다. 25 개가 쌍을 이루는 경우의 수를 계산해보면, 같은 것 두 개가 쌍을 이루는 경우는 25가지이고, 서로 다른 것끼리 쌍을 이루는 경우는 300가지이므로, 총합이 325가지가 된다. 그런데 쓴맛 수용체의 경우에는 서로 다른 두 분자가 쌍을 이루어 기능하는 것은 아직도 실험적으로 관찰되지 않았다. 그러는 와중에 매우 여러 종류의 쓴맛 물질과 결합을 하는 쓴맛 수용체 하나가 발견되었다. 이를 근거로 하여 위의 의문에 대한 또 다른 해답 후보를 제시하게 되었다. 25가지 쓴맛 수용체 중 일부는 매우 넓은 범위의 여러 종류 쓴맛 물질을 커버할 것이라는 생각을 하게 되었다. 이런 생각은 실제로 실험 결과를 통해 입증되었고, 인간의 25가지 쓴맛 수용체들을 이

제 4개의 그룹으로 분류할 수 있었다[6]. 매우 다양한 쓴맛 물질과 결합하는 수용체 그룹, 특정 쓴맛 물질하고만 결합하는 수용체 그룹, 그 중간적 특성을 가지고 있는 수용체 그룹, 그리고 특정 화학 그룹의 분자하고 결합하는 수용체 그룹 등으로 분류되었다. 영장류와 설치류의 경우에는 쓴맛 수용체 종류의 개수가 인간과 비슷하거나 약간 많지만, 다른 동물들에 있어서는 차이가 많이 나고 있다. 적게는 0~3개부터 많게는 56~74개에 이르고 있다[7]. 그 수가 적은 경우는 각 수용체가 넓은 범위의 쓴맛 물질들에 대해 커버할 수 있기 때문일 것이라고 여겨진다.

후각 · 미각 기관 이외에서 발견되는 후각 · 미각 수용체

후각 수용체 유전자가 400개씩이나 되는 이유에 대해 무한히 많은 종류의 미지의 냄새 정보를 받아들이기 위해서 이렇게 많은 유전자를 할애하고 있을지도 모른다는 생각에 대해 앞에서 이야기하였다. 이런 생각과는 별도로 '혹시 후각 수용체가 냄새 맡는 일 이외에 우리 몸속에서 우리가 아직 깨닫지 못하고 있는 다른 중요한 역할들을 하고 있는 것은 아닌가?'라는 생각을 할 수도 있겠다. 최근의 연구들에 따르면 후각 수용체가 콧속에만 존재하는 것이 아니라 우리 몸속에 있는 여러 기관에 후각 수용체가 존재하고 있다는 사실이 속속 밝혀지고 있다[8, 9]. 가장 먼저 밝혀진 예는 정자이다. 인간의 정자에도 인간의 코에 있는 후각 수용체 중에 적어도 2~3가지를 가지고 있다는 사실이 밝혀졌고, 이들은 정자가 난자가 있는 방향으로 이동하게 하는 데 역할을 하고, 이동 속도를 조절하는 데도 관여하는 것으로 여겨진다. 쥐도 마찬가지로 쥐의 후각 수용체가 쥐의 정자에서도 발견되었다.

이외에도 폐, 장, 피부, 심장, 혈액 등에서도 후각 수용체의 발현이 확인되었다. 어떤 후각 수용체는 특정 조직에만 국한되어 발견되는 반면, 어떤 후각 수용체는 인체 전반에 걸쳐 광범위하게 분포되어 있는 것이 관찰되었다. 코의 경우에는 후각 신경세포 하나당 오직 한 종류의 후각 수용체만이 발현되는 반면, 다른 조직들의 경우에는 한 세포 내에 2종류 이상의 후각 수용체가 발현되는 것이 관찰되었다. 코에 있는 후각 수용체는 냄새 맡는 기능을 하지만, 다른 조직에 있는 후각 수용체는 해당 인체 조직에 필요한 다양한 기능을 하고 있다. 피부 세포의 경우, 후각 수용체가 냄새 물질에 의해 활성화되면 피부 세포의 분열과 이동이 촉진되어 상처 회복에 기여한다고 보고되었다.

피부에 있는 후각 수용체와 동일한 후각 수용체가 모낭 세포에서도 발견되었는데, 이 후각 수용체가 머리카락의 성장에 관여한다는 매우 흥미로운 사실이 밝혀졌다[10]. 백단나무의 향으로 이 후각 수용체를 자극하면 모발 세포의 사멸을 억제함으로써 머리카락이 성장할 수 있는 기간이 증가하였다. 반면, 이 후각 수용체의 활성을 저해하는 다른 향 성분을 함께 처리하면, 이와 같은 효과가 사라지는 것이 관찰되었다. 풍성한 모발을 유지하기 위해서는 그에 맞는 적절한 향을 공급해줄 필요가 있어 보인다. 정상 세포가 아닌 암세포에만 유독 과발현되는 후각 수용체들도 관찰되었는데, 전립선 암세포의 경우에 두 종류의 후각 수용체가 과발현되는 것이 그 예이다. 인체의 각 기관에 존재하는 후각 수용체 연구를 통해 우리가 이해하지 못하고 있었던 후각 수용체의 새로운 기능들이 속속 밝혀지고 있으며, 이를 통해 다양한 종류의 질병 치료에도 이용될 것으로 기대된다.

쓴맛, 단맛, 감칠맛 수용체 등의 미각 수용체도 역시 혀 이외의 조직에서도 발견되었다. 단맛 수용체는 장의 내분비 세포에서 발견되었다. 이로 인해 과학자들이 50년 이상 풀지 못했던 의문을 풀게 되었다[11]. 밥을 먹으면 이것이 위와 장을 거치면서 포도당으로 분해되고 작은창자에서 혈액으로 흡수되어 온몸으로 전달된다. 이 과정을 통해 혈액 내의 포도당 농도가 올라가면, 인슐린이 분비되어 혈당이 조절되는 것이 과학자들이 이해하고 있는 사실이다. 그런데 이상하게도 포도당을 입을 통해 먹는 것이 포도당을 혈액에 직접 주입하는 것보다 인슐린을 더 많이 분비시켰다. 인슐린 분비는 혈액 내의 포도당 농도에 의해 분비되고, 입으로 먹은 포도당도 결국은 혈액에 도달하는데, 왜 입으로 먹는 경우가 혈액에 직접 주입하는 경우보다 인슐린 분비가 많은지에 대해서 도무지 이해할 수 없었다. 그런데 단맛 수용체가 혀에만 있는 것이 아니라 장에도 있다는 것이 발견되었고, 장에 있는 단맛 수용체가 자극되면, 장내 세포가 '인크레틴incretin'이라는 호르몬을 분비하고, 이 호르몬이 인슐린 분비를 촉진한다는 사실이 밝혀졌다. 포도당이 혈액으로 전달되기 이전에 이미 장에 있는 단맛 수용체가 이를 알아채고 인슐린 분비를 유도하는 것이었다. 비만과 당뇨 치료를 위해 장의 단맛 수용체를 타게팅하는 의약품을 개발하려는 연구도 수행되고 있다. 미각 수용체 중에 가장 종류가 많은 쓴맛 수용체도 몸의 곳곳에서 발견되었다[12]. 소화기, 호흡기, 비뇨생식기에서뿐만 아니라 뇌와 면역세포 등에서도 발견되었다. 이렇듯 몸의 곳곳에 숨어 있는 미각 수용체와 후각 수용체들이 체내의 어떤 물질들에 의해 자극되어 어떤 경로로 신호전달이 일어나는지에 대한 연구가 바야흐로 이제 막 시작되었다. 쓴맛 수용체를 자극하는 약을 개발함으로써 '입에 쓴 약이 몸에 좋다'는 속담을 과학적으로 증명하는 날도 머지않을 것으로 기대된다.

10장

냄새와 맛의 과학이 바꾸어 놓을 미래 생활

암으로 진단되지는 않지만
스트레스 지수가 높아요.
날숨진료센터
날숨 전문의
음, 진짜
신선하네!
신선한 생선가게
육류 칸 신선도
저하 감지,
5일 이내 소비 요망
바이오전자코 냉장고
앗, 이번에는
폭발물 경고음!
조금 전엔
마약 적발했는데
난 할 일이
없네.
실종자 위치를
추적하자.
이 향취는 2009년
매독 지역에서 생산된
보르도 와인이라고 나오네.
한국의 청국장 냄새가
궁금 하댔지?
YUCK!

스마트폰이라는 새로운 기기가 등장하면서 우리의 생활 모습이 그야말로 혁신적으로 바뀌었다. 무엇이 그리 재미있는지 지하철 내의 승객의 대부분은 핸드폰을 들여다보고 있다. 건널목 신호등을 기다리는 짧은 순간에도 핸드폰을 켜고 들여다본다. 얼마 전에 읽었던 어떤 만평에는 참새들 둘이서 이야기하는 내용이 실렸다[1]. 참새들이 추수철에 곡식을 쪼아 먹기 위해서는 허수아비와 진짜 사람을 구별해 내어 위험을 피하는 것이 중요한데, 그 둘을 구별하는 확실한 방법이 무엇인 줄 아느냐고 한 참새가 다른 참새에게 묻는다. 다른 참새가 잘 모르겠다고 하니까 문제를 낸 참새가 말하기를 "핸드폰을 들여다보고 있으면 진짜 사람이고, 그냥 멀뚱히 서 있으면 허수아비야!"라고 하였다. 오죽하면 스몸비(smombie)라는 신조어가 탄생할 지경에 이르렀다. 스몸비는 스마트폰(smartphone)과 좀비(zombie)의 합성어로서 위험 상황도 의식하지 못하고 스마트폰을 보며 걷는 사람을 일컫는 말이다.

핸드폰 속에 시각 정보를 입력하는 카메라와 청각 정보를 입력하는 녹음기가 도입됨으로써 과거에는 상상하지 못했던 용도들로 사용되고 있다. 스마트폰의 사용이 보편화 되기 시작한 지 그리 오래되지 않았던 때에 필자가 인도 학회에 참석하였다. 학회가 한창 진행되고 있던 어느 날 한국 기업체에서 참석한 한 분이 오후 늦게야 피곤한 모습으로 학회장으로 오더니 종일 고생하였다고 푸념을 털어놓았다. 회사에 서류를 급히 보낼 일이 있어서 팩스 기기가 있는 곳을 찾아다니느라 거의 온종일을 보냈고 천신만고 끝에 팩스 있는 곳을 찾아내서 겨우 처리를 하고 이제야 학회장에 올 수 있었다는 이야기이다. 이 이야기를 옆에서 듣고 있던 젊은 교수 한 분이 "그냥 핸드폰으로 사진 찍어서 부내면 안되는 건가요?"라고 하니까, 종일 고생하였다는 분이 정신이 멍한 표정으로 "내가 왜 그 생각을 못 했지?"라고 하였다. 카메라는 그저 풍경이나 인물 사진만을 찍는 도구로 여겨졌지 스마트폰의 통신 기능과 연결되어 새로운 용도로 사용될 수 있다는 생각은 그 당시만 해도 쉽게 할 수 있는 생각이 아니었다.

이제는 나도 대형 주차장에 주차하면 주차장 기둥에 적혀 있는 위치 번호를 핸드폰으로 찍어두는 것이 거의 습관화 되었지만, 스마트폰이 도입되기 전에는 주차 위치를 메모지에 메모해 두곤 하였다. 오래전 일이지만 주차 위치를 메모하던 내 옆에서 누군가가 보라는 듯이 주차 위치를 핸드폰으로 찍는 모습을 보며 '카메라를 이렇게도 사용할 수 있구나'라는 생각에 멋쩍어하던 기억이 있다. 시각 정보와 청각 정보를 입력할 수 있는 핸드폰이 우리 생활의 모습을 이미 많이 바꿔 놓았듯, 후각 정보와 미각 정보를 입력할 수 있는 핸드폰이 개발되면 우리 일상생활의 많은 부분을 또다시 바꾸어 놓을 것이다. 냄새와 맛의 과학이 바꾸어 놓을 미래 생활에 대해 생각해 보기로 하자.

질병 진단

미래의 모습을 그린 영화인 '아일랜드'의 첫 장면은 이렇게 시작된다. 주인공이 아침에 침대에서 일어나 화장실로 들어가 소변을 보면, 변기에 장착된 센서가 소변 성분을 분석하여 건강 상태를 체크하고, 유의할 사항들을 알려준다. 기본적인 건강검진은 매일 가정에서 체크하고, 이상이 있으면 병원에 가서 정밀검사를 하는 방법이 바람직한 건강관리 방법으로 제시된다. 가정에서 사용되는 방법은 고가의 의료장비를 필요로 하는 방법이어서는 안 되고, 주사기로 혈액을 뽑는 것과 같은 침습적인 방법이어서도 안 된다. 분석의 대상은 침, 소변, 날숨과 같이 신체에서 외부로 자연스레 유출될 수 있는 검체여야 한다.

개가 냄새를 맡아서 질병을 진단했다는 이야기는 여러 연구를 통해 꾸준히 보도되고 있다. 2011년에는 독일의 쉴레호헤 병원에서 훈련된 개들이 환자의 날숨 냄새로 암 환자를 71%의 확률로 구별해 냈다고 발표하였고, 다음 해인 2012년의 오스트리아 크렘스 종합병원의 연구 결과에 따르면 개가 환자의 날숨을 맡고 폐암을 성공적으로 판별한 확률이 70%에 달한다고 보고하였다. 2019년에는 훈련된 비글 종의 개가 혈청의 냄새를 구별하여 폐암 환자를 96.7%의 민감도sensitivity와 97.5%의 특이도specificity로 진단하였다는 논문이 발표되기도 하였다[2]. 진단에서 '민감도'는 양성인 사람을 양성으로 옳게 진단할 확률을 의미하고, '특이도'는 음성인 사람을 음성으로 옳게 진단할 확률을 의미한다. 개가 소변 냄새를 맡아서 전립선암 환자를 매우 높은 확률로 진단한다는 연구 결과도 발표되었다[3]. 뛰어난 능력을 가진 개의 경우에는 민감도가 거의 100%이고, 특이도가 98.7%에 달하였으며, 또 다른 개의 경우에도 98.6%의 민감도와 96.4%의 특이도를 나타내었다. 현재 병원에서는 전립선특이항원prostate-specific antigen, PSA이라는 혈청 종양 표지자를 측정하여 검진을 하고 있는데, 이 방법의 경우에 민감도가 채 20%가 안 되는 실정임을 감안하면, 개가 냄새를 통해 얼마나 정확하게 진단하는지를 알 수 있다.

특정 질병을 지닌 환자에게서 나는 냄새를 구별해 낼 수만 있다면, 날숨 냄새를 맡음으로써 질병을 진단할 수 있게 된다. 예를 들어, 폐암 환자의 혈액, 소변, 날숨 등에서 특이적으로 검출되는 성분들이 있는데, 바이오전자코를 사용하여 이에 대한 냄새를 맡아서 민감하게 감지하는 연구가 보고되기도 하였다[4]. 현재 질병 진단을 위해 진행되는 연구의 대부분은 특정 질병에 대한 '바이오마커'를 찾는 방법으로 진행되고 있다. 여기서 '바이오마커'란 특정 질병으로 인해 몸 안에 새로 생겨난 성분을 이야기한다. 예를 들어, 만성골수백혈병의 경우에 암세포들이 증식하면서 혈액으로 특정 단백질을 배출하는데, 이 단백질이 혈액에서 검출되는지 여부로 백혈병을 진단한다. 특정 질병에 대한 바이오마커는 혈액에서뿐만 아니라 날숨에서도 찾으려는 노력이 많이 진행되고 있으며, 수많은 질병에 대해 많은 종류의 바이오마커들이 보고되고 있다. 그러나 이와 같은 바이오마커를 이용하여 질병을 진단하려는 노력에는 한계가 있다. 특정 질병에 대해서 나타나는 특정 바이오마커를 찾기도 힘들지만, 그렇게 찾아낸 바이오마커가 질병 진단을 속 시원히 해 주지는 못하기 때문이다. 그런데 이런 바이오마커를 이용하여 진단하고 있는 인간보다도 개가 냄새를 맡음으로써 더 정확히 진단을 한다. 그 이유는 무엇일까? 여기서 우리는 개가 냄새로 진단한다는 것에 주목할 필요가 있다.

개는 단순히 한두 가지의 바이오마커로 판단하는 것이 아니라 냄새라는 고도의 빅데이터를 분석해 낸다. 앞에서 이미 살펴보았듯이 냄새를 맡는다는 것은 한두 가지의 화학성분을 분석하는 것이 아니라 많은 종류의 화학성분이 섞여 있는 대상을 점묘화 패턴으로 변환하여 그 패턴을 인식하는 것이다. 냄새 맡는 과정을 통해 생성해낸 냄새에 대한 패턴은 이미 냄새에 포함되어 있는 수많은 성분의 '빅데이터'로부터 나타난 결과이다. 즉, 개는 특정 질병을 가진 사람의 날숨 냄새가 만들어 내는 빅데이터 패턴을 건강한 사람의 패턴과 구별을 해내는 것이다. 1~2가지의 바이오마커를 분석하여 판단하려는 인간과 비교하여 개는 엄청나게 많은 수의 성분들을 모두 사용하여 이를 패턴화하고, 빅데이터의 결과물인 이 패턴들을 비교하여 판단하는 것이다. 따라서 소수의 데이터를 사용하는 기존의 바이오마커 진단법에 따라 개는 훨씬 뛰어난 방법을 사용하고 있는 셈이다.

냄새를 맡는 핸드폰이 개가 냄새를 맡아 질병을 진단하는 것과 같은 역할을 해낼 수 있을 것으로 기대된다. 질병 별로 환자들의 날숨 패턴을 저장한 데이터베이스를 생성하여 저장해 놓고, 각자의 날숨 패턴을 각 질병의 날숨 패턴과 비교하면, 자신이 건강한 상태인지 또는 어떤 질병이 있는 상태인지를 파악할 수 있을 것이다. 이 과정에서 인공지능이 그 역할을 톡톡히 할 것으로 기대된다. 질병 진단뿐만 아니라 그날그날의 스트레스 상태도 측정이 가능할 것으로 생각된다. 아침에 일어나 그저 핸드폰에 대고 날숨만 불어 넣음으로써 그날의 컨디션도 측정하고 질병도 진단할 수 있는 날이 오기를 기대해 본다.

음식의 신선도 판별

마트에서 장을 볼 때 우리는 신선한 물건을 고르기 위해 후각을 종종 사용한다. 수산물 코너에서 생선이 싱싱한지를 판별하려 냄새를 맡아 보고, 과일 코너에서는 과일이 잘 익었는지도 냄새를 맡아서 가늠한다. 민감도가 매우 높은 후각 기능을 활용할 수 있다면 음식물의 신선한 정도를 보다 정밀하게 판단할 수 있을 것이다. 잘 아는 바와 같이, 음식물을 이루고 있는 3대 영양소는 탄수화물, 단백질, 지방이다. 따라서 음식물이 변질된다는 것은 주로 이 3대 영양소 성분들이 변질되는 것이다. 단백질이 변질되는 것을 '부패'라고 하고, 지방이 변질되는 것을 '산패'라고 하며, 탄수화물 및 기타 물질들이 변질되는 것을 '변패'라고 한다.

육류가 상해서 나는 냄새는 주로 단백질이 부패하여 나는 냄새이다. 단백질의 부패가 많이 진행된 이후에는 황화수소와 암모니아 등의 냄새가 나지만, 부패가 막 시작되면서 나는 냄새 중에 대표적인 것은 '카다베린cadaverine'이라는 아민 냄새이다. 카다베린 냄새는 죽음과 연관된 냄새로서 한 마디로 시체 냄새이다. 이 냄새를 잘 맡는 생명체는 제브라피쉬이다. 제브라피쉬는 제1장에서도 언급된 바 있지만, 청정도가 높은 물에서 서식하는데 후각이 잘 발달하여 썩은 고기 냄새인 카다베린 냄새를 매우 민감하게 맡고 회피하여 청정 지역으로 재빨리 이동하는 특성을 가지고 있다. 제브라피쉬의 후각 수용체를 사용하여 카다베린 냄새를 매우 민감하게 맡을 수 있는 바이오전자코가 개발되기도 하였다[5, 6]. 돼지고기를 냉장고에 보관하더라도 1주일만 지나면 카다베린 농도가 3배 가까이 증가하는 것으로 나타났으며, 심지어 냉동실에서 얼려서 보관하더라도 1주일 후에 2배로 증가하는 것으로 나타났다[7]. 이는 부패까지는 아니더라도, 고기가 냉동실 내에서도 지속적으로 숙성이 진행된다는 것을 알 수 있다. 맛있는 육류의 척도로 연도, 향미, 다즙성이 있는데, 이 중에서도 고기를 씹을 때 느끼는 연한 정도를 의미하는 '연도'가 소비자에게 만족감을 주는 가장 중요한 척도로 알려졌다. 가축을 도축하고 나면 사후강직으로 인해 근육이 단단하게 굳어지는데, 육질을 부드럽게 하기 위해는 일정한 온도와 습도 조건에서 숙성의 과정을 거치게 된다. 카다베린 냄새를 민감하게 맡는 바이오전자코가 부착된 냉장고는 숙성의 정도를 정밀하게 측정함으로써 육류를 보다 품질 높은 상태로 제공할 수 있을 것이다.

라면, 견과류 또는 기름이 발라진 김 등이 유통기간이 지나 오래되면 쩔은 냄새가 난다. 이는 이들 음식에 포함되어 있는 기름이나 지방이 산화되어 산패가 일어난 것이다. 이 경우에도 생성되는 결과물의 냄새를 맡아서 음식의 품질을 측정할 수 있다. 우유가 원료인 유제품이 상하는 과정도 산패인데, 이때 발생하는 주요 냄새 성분은 '헥사날'이다. 헥사날과 특이적으로 결합하는 개의 후각 수용체를 사용한 바이오전자코를 사용하여 우유의 신선도와 산패 정도를 측정할 수 있다[8]. 이 밖에도 탄수화물이 주성분인 곡류의 곰팡이에 의한 오염도 후각 바이오센서로 측정할 수 있고[9], 식중독의 대표적인 원인균인 살모넬라에 의한 음식의 오염도 후각 바이오센서로 측정할 수 있다[10].

해산물은 상하면 해산물 특유의 비린내가 나는데, 이 비린내를 매우 낮은 농도에서 민감하게 맡을 수 있다면 해산물의 신선도를 정밀하게 측정할 수 있다. 해산물 특유의 비린내가 나는 이유는 해산물만이 가지고 있는 TMAOtrimethylamine-*N*-oxide라는 독특한 성분이 있기 때문이다. 이 성분은 바다에 사는 생명체가 바닷물로 인한 삼투압을 견디기 위해 가지고 있는 성분이다. 그런데 죽은 지 오래된 해산물은 이 성분이 미생물이나 효소에 의해 분해되어 TMAtrimethylamine라는 성분으로 변환되고, 이 변환된 성분이 냄새를 유발한다. 따라서 이 비린내 물질의 냄새를 맡는 후각 수용체가 장착된 바이오전자코를 사용하여 해산물의 신선도를 측정할 수 있다[11, 12].

냉장고의 육류 칸, 기름과 지방이 포함된 음식 칸, 유제품 칸, 해산물

칸 등, 각 칸별로 특화된 바이오전자코가 장착된 냉장고가 출시될 수도 있을 것이다. 또는 김치에 특화된 김치 냉장고가 있듯이 미식가들의 까다로운 입맛을 만족시키기 위해 각 식품별로 특화된 바이오전자코가 장착된 육류 전용 냉장고, 회 전용 냉장고 등을 사용하는 음식점들이 나타날지도 모르겠다. 장을 보는 사람들이 냄새 맡는 핸드폰을 사용하여 싱싱한 식품을 고르는 장면도 보게 될 것이다.

사회 안전

7장에서 영화 '리치리치'에 냄새 맡는 기기가 등장한다는 이야기를 했었다(그림 7.1). 이 영화에는 냄새 맡는 기기 덕분에 폭발물의 위험을 피하는 장면이 나온다. 재력가 부부가 둘이서 소형 자가용 비행기를 운전하고 가는데, 기내에는 선물 받은 박스들이 잔뜩 쌓여 있다. 냄새 맡는 기기를 사용하여 선물 포장을 뜯지 않고도 그 속에 들어 있는 내용물이 무엇인지를 알아보고 있었는데, 이 기기 덕분에 TNT가 들어 있는 박스를 발견하고, 이를 급히 비행기 창 밖으로 던져서 위험을 모면하는 장면이 나온다. 공항과 같은 공공장소에서 폭발물이나 독극물을 수색하는 방법으로 탐지견들이 사용되고 있다. 즉, 개의 후각을 이용하여 탐색하는 방법이다. 개의 후각을 이용하는 목적은 이외에도 다양하다. 우리가 익히 잘 알다시피 탐지견은 공항에서 마약을 검색하는 데도 이용되고, 지진이나 자연재해가 발생하였을 시에 조난자를 찾는 데도 이용된다. 이뿐만 아니라 문화재 보호에도 이용된다. 한옥과 같이 나무로 된 문화재가 많은데, 이를 훼손하는 주범인 흰개미를 찾는 데도 개의 후각이 이용된다. 이 글을 쓰고 있는 지금 전 세계가 코로나바이러스로 인해 어려움을 겪고 있는 가운데, 공항에서 탐지견을 이용하여 땀 냄새로 확진자를 97%의 정확도로 가려낸다는 기사가 눈에 띈다. 프랑스, 핀란드, 아랍에미리트 등의 공항에서 방문객들의 겨드랑이 땀을 면봉에 묻혀서 건네면 탐지견들이 이 냄새를 맡아 코로나바이러스 감염 여부를 판별해 낸다는 기사이다. 미국 펜실베이니아 수의대 연구팀은 탐지견이 소변과 침 샘플의 냄새를 맡고 코로나바이러스 감염자를 높은 정확도로 판별하였다고 보고하기도 하였다[13].

이렇듯 개의 후각이 사회 안전을 지키기 위해 곳곳에서 사용되고 있다. 그렇지만 능력 있는 탐지견을 선별하여 양성하고 유지하는 것이 만만한 일이 아니다. 일반견을 훈련 시킬 경우에 탐지견으로서 최종 합격하는 성공률이 30%밖에 되지 않는다고 한다. 우수한 탐지견을 양성하기 위해 후각 능력, 집중력, 학습 능력 등이 뛰어난 개를 복제하는 방법도 활용되는데, 복제견의 경우에 탐지견 합격률이 일반 개보다 2배 이상 높다고 한다. 탐지견을 양성하는 것도 어렵지만, 현장에 투입된 탐지견들이 냄새를 맡는 데 집중하면, 쉽게 피로를 느끼기 때문에 장시간 근무를 할 수가 없다. 공항에서 코로나바이러스 감염자 판별을 하는 탐지견의 경우에는 20분 근무하고 교대하는 방식을 취하고 있다고 한다. 이렇듯, 탐지견을 양성하고 유지하는 것도 어렵지만, 복잡한 도심이 검색 대상 장소가 된다면 개를 투입하기에는 한계가 있다. 예를 들어, 마약 검색은 공항이나 항만의 출입국 장소를 넘어서, 점점 도심 깊숙이 파고들면서 유통되어 사회 문제를 일으키고 있다. 이런 측면에서 개의 후각을 대신하여 바이오전자코가 사회의 안전을 지키는 역할을 톡톡히 할 수 있을 것으로 기대된다.

1995년 일본 도쿄 지하철역에서 발생한 사린 가스 테러 사건을 기억하시는 분들이 많을 것으로 생각된다. 옴진리교 간부들에 의해 자행되어 13명의 사망자와 6천여 명의 부상자를 발생시킨 대형 테러 사건이었다. 사린 가스를 감지하는 센서 개발 연구를 위해는 독극물인 사린 가스를 직접 사용할 수 없기 때문에 화학적 유사체인 DMMPdimethyl methylphosphonate가 사용된다. 인간의 후각 수용체 중에서 DMMP와 결합하는 것들이 선별되었고, 이를 이용한 후각 바이오센서의 개발에 대한 연구도 수행되었다.

환경 측정

사람들마다 각자 다른 냄새가 난다. 인종에 따라서도 다르고, 각 개인에 따라서도 다른 냄새가 난다. 사람들이 사용하는 향수나 화장품에 의한 냄새도 있지만, 그 이면의 냄새는 그 사람이 살고 있는 환경을 대변해 주는 면이 있다. 영화 '기생충'에서도 '반지하 냄새'나 '지하철 타는 사람들 냄새' 등으로 냄새가 그 사람이 속한 계층을 나타내는 것으로 묘사되고 있다. 이런 냄새들은 그 사람이 처한 환경으로 인해 몸에 배게 되는 냄새들이다. 사람뿐만 아니라 도시들도 고유의 냄새가 있다. 오물이나 하수도 냄새가 나는 도시도 있고, 매캐한 유황 성분의 냄새가 나는 도시도 있다. 냄새는 우리가 사는 환경이 얼마나 위생적이고 쾌적한지를 잘 나타내주고 있다. 악취가 나는 곳에서 생활하기란 여간 어려운 일이 아니다. 그런데 아직도 악취가 무엇인지에 대해 과학적으로 완전히 이해되지 못하고 있다. 악취를 내는 화학물질들이 일부 알려져 있기는 하지만, 그것은 그저 현상적 관찰에 의한 것들이다. 사람이 맡아서 기분이 나쁘면 악취이고, 기분이 좋으면 향기이다. 악취와 향기의 근본적인 차이에 대해 아직도 과학적으로 이해하고 있지 못하다. 따라서 사람과 동일한 혹은 적어도 유사한 후각 기능을 가지고, 사람을 대신하여 냄새를 맡아줄 도구만이 악취를 구별해 낼 수가 있다. 이런 관점에서 바이오전자코는 냄새를 맡음으로써 환경 측정을 위한 도구로도 유용하게 사용될 수 있다.

대기 환경뿐만 아니라 수질 환경도 냄새를 맡음으로써 측정할 수 있다. 물이 미생물에 의해 오염되면 유쾌하지 않은 흙냄새나 퀴퀴한 냄새가 나는데, 이 냄새의 주요 성분은 지오스민과 MIB2-methylisoborneol로 알려졌다. 인간의 코는 이런 냄새에 매우 민감하여 음용수의 기준으로서 이 성분들은 규제 대상이 되고 있다. 또한, 녹조가 발생하였을 때도 이 성분들이 냄새의 주요 원인 성분이다. 사람의 코가 이 냄새들에 민감하므로 인간의 후각 수용체 중에 이 성분들과 민감하게 반응하는 수용체가 있으리라는 것은 당연한 일이다. 그리하여 연구자들은 이들 두 가지 성분에 민감하게 반응하는 인간의 후각 수용체들을 각각 찾아내었고, 이들 후각 수용체가 장착된 바이오전자코는 해당 원인 냄새들을 매우 민감하게 감지할 수 있었다[14]. 바이오전자코 기술이 더욱 발전하면 환경 오염으로 인한 냄새뿐만 아니라 우리 주위 곳곳에 배어있는 생활 냄새들도 측정할 수 있을 것이다. 또한, 바이오전자코의 발전은 냄새 과학의 발전으로 이어지고, 이를 바탕으로 하여 악취와 향기의 차이는 무엇인지에 대한 과학적 이해도 가능해질 것으로 기대된다.

냄새의 표준화

우리가 코를 통해 공기 중에서 맡고 있는 다양한 냄새들을 어떻게 체계적으로 정리하여 표현할 수 있을까? 이에 대한 생각을 위해 이미 잘 정리되어 있는 색깔의 경우를 생각해 보고, 이를 기반으로 하여 냄새에 대해서도 생각해 보기로 하자.

색의 표준과 색의 출력 기술

우리가 눈을 통해 보고 있는 색깔들은 그야말로 무한에 가까울 정도로 다양하지만, 이렇게 무수한 종류의 색들에 대해서 과학적으로 체계적으로 잘 정리가 되어 있다. 가장 대표적인 방법은 20세기 초에 앨버트 먼셀Albert H. Munsell에 의해 개발된 '먼셀 색 체계'이다. 먼셀의 색 체계는 색의 3가지 기본 특성인 색상, 명도, 채도에 기반을 두고 있다. 색상은 빨강, 노랑, 녹색, 파랑, 보라 등을 나타내는 것으로서 빛을 프리즘으로 분리하면 보이는 색들이다. 명도는 각 색들의 밝고 어두운 정도를 표시해주는 지표이다. 채도는 각 색깔의 순도를 나타내는 지표로서 유채색만 있을 때는 채도가 높고, 무채색이 섞일수록 채도가 낮아진다. 먼셀 색 체계는 체계적이고 사용하기 간편한 장점으로 색 표준의 기준으로 널리 사용되었지만, 색의 체계를 수식적으로 표현하기가 쉽지 않아서 컴퓨터 그래픽에 적용하는 데는 어려운 점이 있었다. 색을 출력하는 디지털 기기들의 발전에 따라 새로운 색 체계들이 개발되었다. 그중에는 컬러 프린터에 사용되는 'CMYK 색 모델'과 TV와 컴퓨터 모니터 등에 사용되는 'RGB 색 모델' 등이 있다. 이 모델들은 모두 빛의 삼원색에 기반을 두고 있지만, 전자는 전체의 빛에서 빛의 삼원색을 빼는 방법인 반면, 후자는 빛의 삼원색을 더하는 방법이다. 색이란 물체가 빛을 받아서 빛의 파장에 따라 겉으로 나타내는 특유한 빛으로서 결국 우리 눈으로 보는 색은 특정 파장의 빛이다. 따라서 색을 이해하기 위해서는 빛의 관점에서 생각해야 한다.

삼원색은 다른 색을 섞어서 만들 수 없는 서로 독립적인 색을 의미하며, 빛(색광)의 삼원색은 R$_{red}$(빨강), G$_{green,}$(녹색), B$_{blue,}$(파랑)이고, 색(안료, 물감)의 삼원색은 C$_{cyan}$(시안), M$_{magenta}$(마젠타), Y$_{yellow}$(노랑)이다(그림 10.1). 빛의 삼원색인 R, G, B는 서로 섞일수록 빛이 밝아지며 3가지

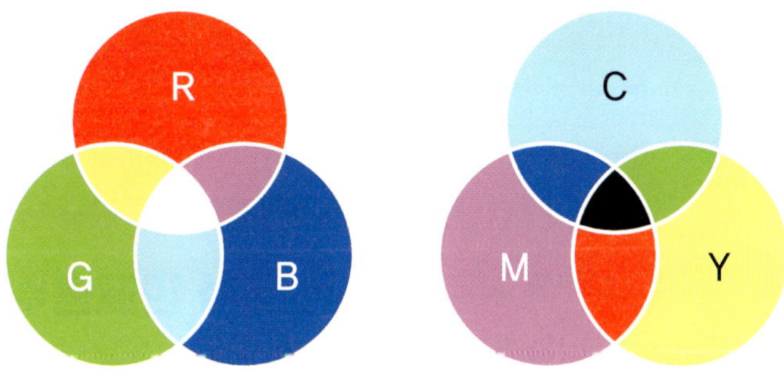

(a) 빛의 삼원색 (b) 색의 삼원색

그림 10.1 삼원색. (a) R(red, 빨강), G(green, 녹색), B(blue, 파랑)는 서로 섞을수록 밝아지는 가산 혼합의 특성을 가지고 있다. (b) C(cyan, 시안), M(magenta, 마젠타), Y(yellow, 노랑)는 서로 섞을수록 어두워지는 감산 혼합의 특성을 가지고 있다.

모두를 섞으면 하얀색 빛인 백색광이 된다. 이 경우의 혼합은 빛을 더한다는 의미의 가산 혼합으로 분류된다. 반면에 색의 삼원색인 C, M, Y는 서로 섞을수록 어두워지며 3가지 모두를 섞으면 검정이 된다. 이 경우의 혼합은 빛을 뺀다는 의미의 감산 혼합으로 분류된다.

색을 출력하는 대표적인 기기로서 컬러 프린터와 TV 모니터 등이 있다. 여기서 컬러 프린터의 경우는 잉크를 사용하여 감산 혼합 방식으로 색을 출력하는 기술이다. 즉, 하얀 종이에 잉크로 색을 입히는 경우로서 하얀 종이의 하얀색은 모든 빛을 포함하고 있는 백색광이다. 하얀 종이에 4종류의 잉크를 사용하여 프린트를 하는데, 이때 잉크 색깔은 C, M, Y 그리고 K_{key}(검정)이다. 각각의 잉크는 하얀 종이에서 나오는 백색광으로부터 특정 빛을 가리어 빼는 역할을 한다. 즉, 시안은 빨간색 빛을 가리고, 마젠타는 녹색 빛을 가리며, 노랑은 파란색 빛을 가린다. 각 색깔의 잉크는 빛의 삼원색 하나씩을 가림으로써 전체 빛에서 특정 삼원색 빛을 빼는 역할을 한다. 이 세 가지 잉크를 모두 섞으면 검은색이 되지만, 잉크 품질의 한계로 인해 실제로는 아주 까맣게 나오지 않을뿐더러 잉크의 낭비를 막기 위해서도 모든 빛을 가리는 역할을 하는 검정 잉크가 일반적으로 추가로 사용된다.

반면에 TV나 컴퓨터 모니터의 경우에는 빛의 삼원색인 R, G, B를 더하는 방법이다. 즉, 세 가지 빛을 내는 램프를 사용하여 원하는 색을 만드는 방법이다. 세 가지 램프 모두가 꺼지면 검정이고, 모두가 켜지면 하얀색 빛을 낸다. 8장에서도 잠시 언급한 바가 있지만, TV 화면은 작은 픽셀(화소)들로 구성되어 있고, 각 픽셀들 속에는 서브픽셀(부분화소)이라 불리는 미세한 크기의 빨강 램프, 녹색 램프, 파랑 램프가 들어 있어

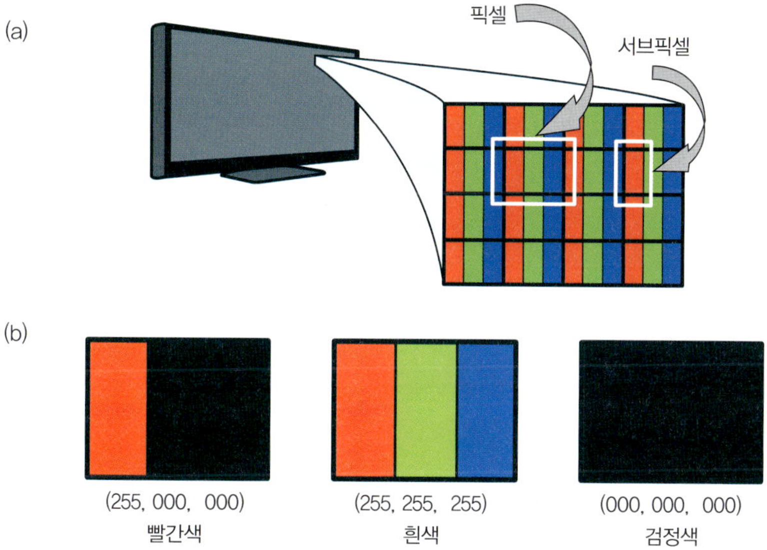

그림 10.2 (a) TV 화면의 픽셀과 서브픽셀 (b) 서브픽셀의 빛의 조합에 의해 픽셀 빛 생성

서 각 서브픽셀이 발광하는 빛의 양의 조합을 통해 각 픽셀들은 모든 종류의 색을 만들어 낸다(그림 10.2(a)). R, G, B 각각이 8비트인 경우에는 각각 256(=2^8)단계 크기의 빛을 낼 수 있으며, 그 크기를 0~255의 수치로 표시할 수가 있다. 즉, (R, G, B) 좌푯값을 사용하면, 가장 밝은 빨간색은 (255, 0, 0), 흰색은 (255, 255, 255), 검은색은 (0, 0, 0) 등으로 나타낼 수 있다(그림 10.2(b)). 이들의 조합으로 만들어 낼 수 있는 색의 종류는 무려 16,777,216(=256^3) 가지가 된다. 이렇듯 'RGB 색 모델'이든 'CMYK 색 모델'이든 빛의 삼원색에 기반을 둔 조합으로 수많은 색을 표현할 수가 있다.

색의 입력 기술과 냄새 입력 기술

빛의 경우는 삼원색이 알려져 있으므로 위에서 기술한 바와 같이 삼원색의 조합적 혼합에 따라 원하는 모든 색을 만들어 낼 수 있는 컬러 프린터, TV 디스플레이 등의 출력 기술들이 발달되었다. 그러나 냄새의 경우에는 빛의 삼원색에 해당하는 기본 냄새들을 찾아내지 못하고 있다. 따라서 냄새의 경우에는 빛의 출력 기술을 모방하는 방법으로 표준화를 하기는 어려운 실정이다. 반면, 앞에서 기술한 바이오전자코는 냄새 입력 기술이므로 빛의 입력 기술을 모방하는 방법을 생각해 볼 수가 있다.

우리의 코가 후각 수용체를 사용하여 냄새를 맡듯이, 우리 눈은 망막에 위치한 광 수용체photoreceptor를 사용하여 빛을 본다. 우리 눈의 광 수용체는 네 가지 종류로, 하나는 빛의 세기가 낮은 어두운 곳에서 명암을 분별하는 광 수용체고, 나머지 세 종류의 광 수용체는 색을 보는 역할을 한다. 이 세 종류의 광 수용체는 각각 담당하는 빛의 영역대가 있는데, 이는 빨강(R) 영역, 녹색(G) 영역, 파랑(B) 영역으로서 빛의 삼원색에 해당하는 영역과 일치한다. 즉, 이들 세 종류의 광 수용체가 눈으로 들어온 빛에 의해 각기 얼마나 자극되는지의 조합에 따라 뇌가 그 색을 인지하게 된다. 이는 마치 TV 화면의 픽셀이 그 속에 있는 R, G, B 서브픽셀의 조합으로 다양한 색을 내는 과정을 역순으로 구현하는 것과 유사하며, 디지털카메라가 피사체의 컬러 모습을 읽어 들이는 방법과도 유사하다. 우리 눈이 망막에 투영된 컬러 모습을 신경 신호로 전환하여 뇌로 보내어 그 모습을 파악하듯이 과거의 필름 카메라의 경우는 피사체에서 나오는 빛을 필름에 투영하여 필름의 감광물질과 투영된 빛이 화학반응을 일으켜 사진의 컬러를 만들어 냈다. 반면, 디지털카메라는 과거 카메라의 필름이 있던 곳에 이미지 센서를 장착하여서 피사체의 컬러 모습을 읽어 들인다.

이 이미지 센서는 수많은 픽셀들로 구성되어 있다. 이 픽셀들은 세 종류의 픽셀로 구성되어 있는데, 즉, 빨강만 받아 들이는 픽셀(R), 녹색만 받아 들이는 픽셀(G), 파랑만 받아 들이는 픽셀(B)이 그것이다. 이는 마치 우리 눈에 색을 보는 세 가지 광 수용체가 있는 것과 유사한 원리이다. 세 종류의 픽셀들은 규칙적으로 배열되어 있는데, 가장 널리 사용되는 배열 패턴은 베이어 패턴bayer pattern으로서 <그림 10.3(a)>에 보인 바와 같이 R과 B를 대각선 위치에 배열하고, 두 개의 G를 다른 대각선 위치에 배열하는 방식이다. 여기서 R과 B는 1개씩 사용되는 반면에 G는 2개가 사용되었는데, 이는 우리 눈이 녹색에 민감하게 반응하는 특성을 반영한 고안 방식이다. 빨강만 받아들이는 R 픽셀을 구현하기 위해는 빨간색 필터를 사용하여 빨간색만 통과시키게 함으로써 가능하고, 파랑만 받아들이는 B 픽셀을 구현하기 위해는 파란색 필터를 사용하여 파란색만 통과시키게 하는 방식이다. 이와 같은 베이어 패턴이 반복적으로 배열된 형태가 사용된다(그림 10.3(b)).

각 픽셀들은 R, G, B 중 자신에게 할당된 색의 크기만을 측정한다. 즉, R 픽셀은 빨간색의 크기만 측정할 수 있고, G 픽셀은 녹색의 크기만 측정할 수 있는 식이다. 그런데 피사체로부터 카메라 내의 픽셀로 들어오는 실제의 색(필터를 통과하기 이전의 색)은 R 픽셀의 경우에도 빨강뿐만 아니라 녹색과 파랑도 포함하고 있다. 그런데 R 픽셀의 경우에는 빨강의 크기만 측정을 하고 녹색과 파랑은 측정하지 못한다. 이를 보완하기 위해 주위 픽셀의 측정값을 사용하여 보정하는 작업을 한다. 예를 들어, <그림 10.3(c)>의 6-R 픽셀을 생각해 보기로 하자. 이 픽셀은 R 픽셀이므로 이 픽셀로 들어온 빨강의 크기는 자신이 측정할 수 있다. 그러나 이 픽셀로 들어온(빨간 필터를 거치기 전) 녹색과 파랑의 크기는 측정할 수 없으므로, 6-R 픽셀 주위의 G 픽셀들(2-G, 5-G, 7-G, 10-G)의 측정치를 사용하여 6-R 픽셀의 녹색 크기를 추정하여 계산하고, 주위의 B 픽셀들(1-

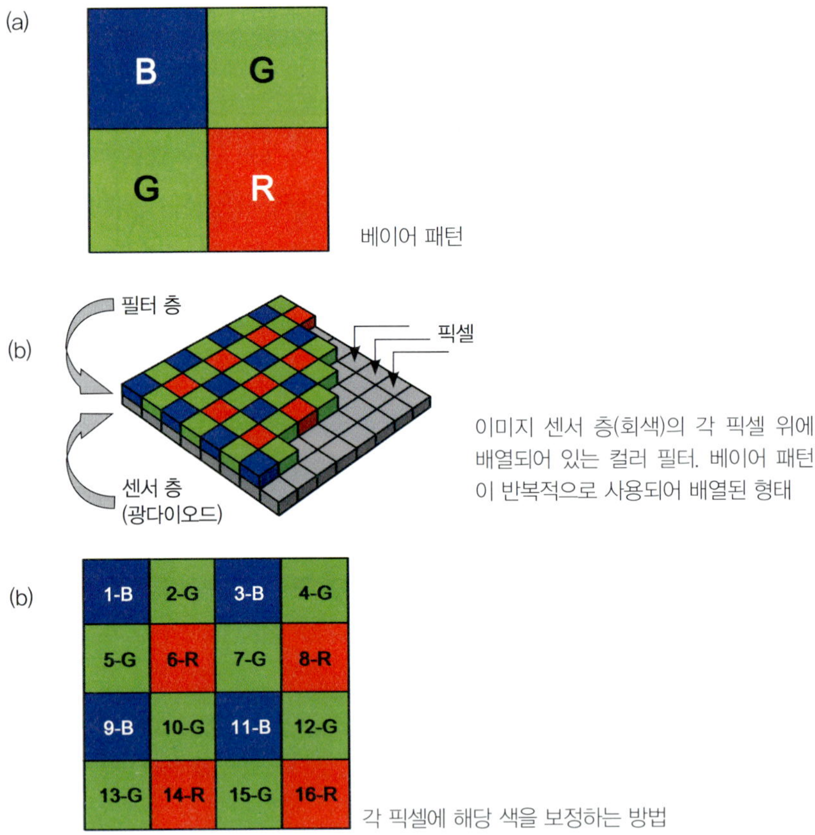

그림 10.3 디지털카메라의 픽셀 배열

B, 3-B, 9-B, 11-B)의 측정치를 사용하여 6-R 픽셀의 파랑 크기를 추정하여 계산한다. 이렇게 얻어진 R, G, B값을 사용하여 (R, G, B) 좌푯값을 정함으로써 6-R 픽셀에 할당된 색이 정해진다. 이와 같은 방법으로 각 픽셀에 색을 할당함으로써 피사체의 컬러 이미지를 얻게 된다.

냄새 입력 기술을 통한 냄새의 표준화

이상에서 보았듯, 디지털카메라의 픽셀도 빛의 삼원색에 따른 세 가지이고, 빛을 분별하는 우리 눈의 광 수용체도 세 종류로서 이들 세 가지의 조합으로 모든 색의 분별이 이루어짐을 알 수 있다(그림 10.4). 우리 눈의 망막에 위치한 광수용체의 경우에는 긴 파장대의 빛, 중간 파장대의 빛, 짧은 파장대의 빛을 인지하는 세 종류가 있어서 긴 파장대의 빛

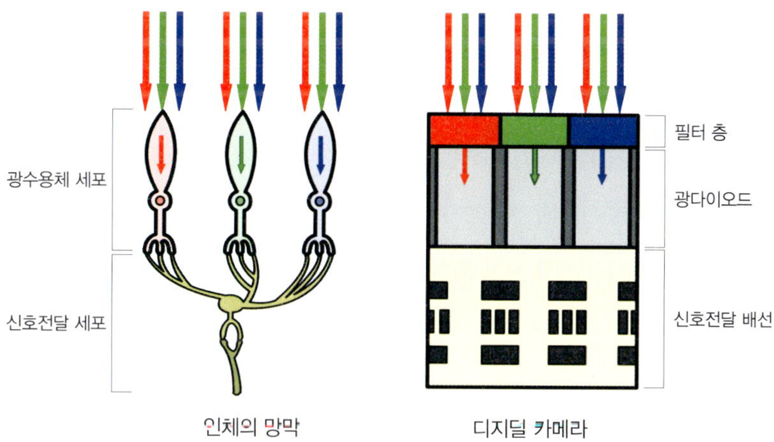

그림 10.4 인체와 기기에서의 빛 정보 입력 방법. 우리 눈의 망막에 위치해 있는 광수용체 세포는 표면에 광수용체 단백질을 가지고 있어서 빛의 자극에 따라 신호가 발생한다. 색을 구별하는 광수용체 세포는 세 종류가 있어서 R, G, B 색을 분별한다(왼쪽). 반면, 디지털카메라는 삼원색을 구별하기 위해 R, G, B 필터를 사용하고, 광다이오드가 빛의 자극에 따라 전기 신호를 발생시킨다(오른쪽).

을 인지하는 광 수용체는 주로 빨강 영역의 빛을, 중간 파장대의 빛을 인지하는 광 수용체는 녹색 영역의 빛을, 짧은 파장대의 빛을 인지하는 광 수용체는 파랑 영역의 빛을 흡수하지만, 세 경우의 파장대가 엄밀히 분리되어 있지는 않고 서로 겹치는 부분이 존재하므로 각 광 수용체의 신호가 뇌로 전달되는 과정에서 독립적으로 전달되는 대신, 각 광 수용체 세포와 연결된 신경 간에 신호를 공유하는 방법이 사용된다.

빛을 구별하는 데 사용되는 광 수용체의 종류는 세 가지이지만, 후각 수용체의 종류는 약 400가지, 더 정확하게는 388가지이다. 따라서 냄새의 표준화를 이루기 위해서는 이 400가지의 조합이 사용되어야 한다. 만약에 400가지 중, 실제 인간의 코에 존재하는 양이 미미한 것들이 있거나 그 역할이 상대적으로 작은 것들이 있다면, 이들을 제외하여 가지 수를 줄이는 것이 필요할 것으로 생각된다. 아직 우리는 이들 400가지 중에서 실제로 실생활에서 어떤 수용체들이 빈번하게 사용되는지에 대한 데이터는 가지고 있지 못하다. 따라서 400가지 중에 주요하게 사용되는 후각 수용체들을 선별하는 일들이 수행되어야 할 것으로 생각된다. 이런 연구들을 통해 그 숫자를 얼마나 많이 줄일 수 있을지 지금으로서는 알 수 없지만, 그렇더라도 광 수용체의 세 가지와는 상대가 안 될 정도로 많은 종류의 후각 수용체가 사용되어야 할 것은 분명해 보인다. 그렇지만 피사체의 컬러 모습을 입력하는 디지털카메라의 빛 정보 입력 방법이 우리 눈의 망막이 빛 정보를 받아들이는 방법과 유사하듯이 바이오전자코가 냄새 정보를 입력하는 방법도 우리 코의 후각 기관이 정보를 받아들이는 방법과 유사하다. 또한, 디지털카메라의 빛 정보 입력 장치 구조와 바이오전자코의 냄새 정보 입력 장치 구조도 기본적으로 유사한 구조를 갖는다(그림 10.5). 디지털카메라에서 빛의 삼원색을 구분하는 필터층에 해당하는 부분이 바이오전자코에서는 후각 수용체층에 해당한다. 이곳에서 냄새 분자와 후각 수용체들의 결합으로 생성되는 점묘화 패턴을 생성한다. 이렇게 생성된 점묘화 패턴을 전기 신호로 변환시키는 부분이 트랜스듀서이다. 바이오전자코의 트랜스듀서 부분은 디지털카메라에서 빛의 자극을 전기 신호로 변환시키는 광다이오드 부분에 해당한다. 트랜스듀서에서 발생된 전기 신호는 이후의 신호 정리 과정을 거쳐서 최종 냄새 패턴 정보로서 입력된다.

냄새의 표준화를 위해 고려해야 할 또 하나의 관점은 냄새 패턴을 얻기 위한 기본 틀로서 수많은 종류의 후각 수용체를 어떤 방식으로 배열하느냐는 것이다. 이는 디지털카메라에서 R, G, B 픽셀을 어떻게 배열하는 것이 좋을지에 상응하는 주제로 400가지의 후각 수용체, 또는 이중에 선별되어 그보다 적은 수가 될 수도 있지만, 어떻게 배열하는 것이 좋을지에 대한 사안이다. 디지털카메라의 경우에 좋은 컬러 이미지

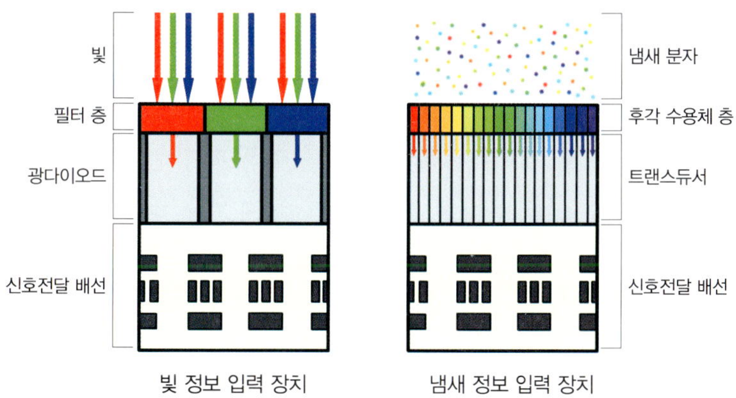

그림 10.5 빛 정보 입력 장치와 냄새 정보 입력 장치

를 얻기 위해서는 세 가지의 R, G, B 픽셀을 어떤 방식으로 배열하는 것이 좋을지에 대한 다양한 고안이 제안되었다. 앞에서는 이스트만 코닥Eastman Kodak 사의 브라이스 베이어Bryce Bayer가 개발한 베이어 패턴에 대해 이야기하였지만, 이외에도 각 회사마다 개발한 저마다의 특징을 가지고 있는 다양한 패턴들이 존재한다.

후각 수용체를 어떤 방식으로 배열하느냐는 문제는 실제로 다양한 냄새에 대해 많은 데이터를 얻은 후에 그 체제가 더 명확히 갖추어지겠지만, 현시점에서 생각해 보면 두 가지 방법을 생각할 수 있다. 첫 번째 방법은 각 후각 수용체 유전자가 염색체상에 위치해 있는 순서에 따라 배열하는 방법이고, 또 다른 방법은 각 후각 수용체 단백질의 아미노산 서열의 유사도를 고려하여 배열하는 방식이다. 후자가 냄새를 분류하고 체계화하는 데 보다 효과적인 방법이라고 생각되지만, 데이터가 축적되어감에 따라 인공지능의 도움을 받아서 그 체제가 더욱 견고히 될 수 있을 것이다. 지난 10년간 후각 수용체를 생산하기 위한 연구에 많은 진전이 있어 왔고, 다양한 종류의 후각 수용체를 결합시킬 수 있는 센서 기판을 제조하는 기술도 발전하고 있다. 이에 힘입어 사람의 코를 대신할 바이오전자코가 머지않은 미래에 구현됨으로써 냄새의 코드화와 표준화가 실현될 것으로 기대된다. 뿐만아니라 개의 후각 수용체를 사용하면 인간이 맡지 못하는 냄새의 측정도 가능하게 되어 현재 탐지견의 후각에 의존하고 있는 여러 가지 일들을 보다 민감하고 보다 높은 신뢰 수준으로 처리할 수 있을 것으로 기대된다.

참고문헌

1장 후각의 의미와 역할

1. J.H. Cho, J.E. Prince, C.T. Cutforth, J.F. Cloutier, J. Neurosci, 31, 7920-7926 (2011)
2. D.M. Ferrero, J.K. Lemon, D. Fluegge, S.L. Pashkovski, W.J. Korzan, S.R. Datta, M. Spehr, M. Fendt, S.D. Liberles, PNAS, 108, 11235-11240 (2011)
3. A. Hussain, L.R. Saraiva, D.M. Ferrero, G. Ahuja, V.S. Krishna, S.D. Liberles, S.I. Korsching, PNAS, 110, 19579-84 (2013)
4. H. Yang, D. Kim, J. Kim, D. Moon, H.S. Song, M. Lee, S. Hong, T.H. Park, ACS Nano, 11, 11847-11855 (2017)
5. A.S. Mathuru, C. Kibat, W.F. Cheong, G. Shui, M.R. Wenk, R.W. Friedrich, S. Jesuthasan, Curr. Biol. 22, 538-544 (2012)
6. A.J. Birch, J. Prod. R. Soc. New South Wales, 71, 259-260 (1937)
7. S. Rasmann, T.G. Koeller, J. Degenhardt, I. Hidtpold, S. Toepfer, U. Kuhlmann, J. Gershenzon, T.C.J. Turlings, Nature, 434, 732-737 (2005)
8. H.T.Alborn, T.C.J. Turlings, T.H. Jones, G. Stenhagen, J.H. Loughrin, J.H. Tumlinson, Science, 276, 945 (1997)
9. R.B. Barrozo, D. Jarriault, N. Deisig, C. Gemeno, C. Monsempes, P. Lucas, C. Gadenne, S. Anton, Eur. J. Neurosci, 33, 1841-1850 (2011)
10. A. Bretman, J.D. Westmancoat, M.J. Gage, T. Chapman, Biol. Lett. 21, 617-622 (2011)
11. J. Martin, P. Lopez, Chem. Senses, 35, 253-262 (2010)
12. J.D. Hardege, A. Jennings, D. Heyden, C.T. Muller, D. Pascoe, M.G. Bentley, A.S. Clare, Mar. Ecol. Prog. Ser. 244, 179-189 (2002)
13. R.S. Herz, Brain Sciences, 6, 22 (2016) doi.org/10.3390/brainsci6030022
14. I. Makowska, I. Kloszewska, A. Grabowska, I. Szatkowska, K. Rymarczyk,

Arch. Clin. Neuropsychol, 26, 270-279 (2011)

15. D. Jimbo, M. Inoue, M. Taniguchi, K. Urakami, Psychogeriatrics, 11, 196-204 (2011)

16. C. Rouby, T. Thomas-Danguin, M. Vigouroux, G. Ciuperca, T. Jiang, J. Alexanian, M. Barges, I. Gallice, J.L. Degraix, G. Sicard, Int. J. Otolaryngology, 203805 (2011)

17. R.L. Doty, D.A. Deems, R.E. Frye, R. Pelberg, A. Shapiro, Neurology, 38, 1237-1244 (1988)

18. A.S. Barwich, "Smellosophy: What the Nose Tells the Mind", Harvard University Press (2020)

19. John P. McGann, Science 356 eaam7263 (2017)

20. M. Laska, D. Genzel, A. Wieser, Chem. Senses, 30, 171-175 (2005)

2장 냄새에 대한 다양한 접근

1. A.S. Barwich, "Smellosophy: What the Nose Tells the Mind", Harvard University Press (2020)

2. Simon Kemp, J of the History of the Behavioral Sciences, 33, 211-219 (1997)

3. A.S. Barwich, "Smellosophy: What the Nose Tells the Mind", Harvard University Press, 27-28 (2020)

4. Charles S. Sell, "Chemistry and the sense of smell", John Wiley & Sons, Inc., 357-358 (2014)

5. A.S. Barwich, "Smellosophy: What the Nose Tells the Mind", Harvard University Press, 40-44 (2020)

6. A. Gilbert, "What the nose knows", A Synesthetics, Inc. Book, 1-10, (2014)

7. L. Turin, Chemical Senses, 21, 773-791 (1996)

8. J.C. Brookes, F. Hartoutsiou, A.P. Horsfield, A.M. Stoneham, Phys. Rev. Lett., 98, 038101 (2007)

9. Charles S. Sell, "Chemistry and the sense of smell", John Wiley & Sons, Inc., 388-419 (2014)

10. Charles S. Sell, "Chemistry and the sense of smell", John Wiley & Sons, Inc.,

410 (2014)

3장 냄새란 무엇인가?

1. A.S. Barwich, "Smellosophy: What the Nose Tells the Mind", Harvard University Press, 95-102 (2020)
2. A. Majid, N. Burenhult, Cognition, 103, 266-270 (2014)
3. G.M. Shepherd, Neurogastronomy, Cloumbia University Press, 82-84 (2012)
4. International Standards Organization, ISO 18794:2018(en) (https://www.iso.org/obp/ui/#iso:std:iso:18794:ed-1:v1:en)
5. A.S. Barwich, "Smellosophy: What the Nose Tells the Mind", Harvard University Press, 85 (2020)
6. P. Rozin, Perception and psycholphysics, 31, 397-401 (1982)
7. D.M. Small, J.C. Gerber, Y. E. Mak, T. Hummel, Neuron, 47, 593-605 (2005)

4장 냄새는 어떻게 느끼나?

1. H. Debat, C. Eloit, F. Blon, B. Sarazin, C. Henry, J.-C. Huet, D. Trotier, J.-C. Pernollet, J. Proteome Res., 6, 1985-1996 (2007)
2. L. Briand, C. Eloit, C. Nespoulous, V. Bézirard, J.-C. Huet, C. Henry, F. Blon, D. Trotier, J.-C. Pernollet, Biochemistry, 41, 7241-7252 (2002)
3. M. Shehr, G. Gisselmann, A. Poplawski, J.A. Riffell, C.H. Wetzel, R.K. Zimmer, H. Hatt, Science, 299, 2054-2058 (2003)
4. M. Maïbèche-Coisne, A.A. Nikonov, Y. Ishida, E. Jacquin-Joly, W.S. Leal, PNAS, 101, 11459-11464 (2004)
5. B. Schilling, R. Kaiser, A. Natsch, M. Gautschi, Chemoecology, 20, 135-147 (2010)
6. Charles S. Sell, "Chemistry and the sense of smell", John Wiley & Sons, Inc., 39 (2014)
7. G.M. Shepherd, Neurogastronomy, Columbia University Press, 85- 91 (2012)
8. Z. Zou, L. F. Horowitz, J.-P. Montmayeur, S. Snapper, L.B. Buck, Nature, 414, 173-179, (2001)

9. J.D. Howard, J. Plailly, M. Grueschow, J.-D. Haynes, J.A. Gottfried, Nature Neuroscience, 12, 932-938 (2009)
10. S.L. Pashkovski, G. Iurilli, D. Brann, D. Chicharro, K. Drummey, K.M. Franks, S. Panzeri, S. R. Datta1, Nature, 583, 253-258 (2020)
11. E.T. Roll, International Journal of Obesity, 35, 550-561 (2010)
12. Y. Yeshurun, N. Sobel, Annual Review of Psychology, 61, 219-241 (2010)
13. M.L. Demattè, D. Sanabria, C. Spence, Acta Psychologica, 124, 332-343 (2007)

5장 맛이란 무엇인가?

1. G.K. Beauchamp, J. Agricultural and Food Chemistry, 67, 13860-13869 (2019)
2. V. Lo, Pleasure, prohibition, and pai: Food and medicine in traditional China; R. Sterckx Ed., Palgrave Macmillan, New York, p256 (2004)
3. D. Dragos, M. Gilca, J. Ethnopharmacol, 220, 129-146 (2018)
4. J.E. Steiner, Annals of the New York Academy of Sciences, 237, 229-233 (1974)
5. B. Lindemann, Nature 413, 219–225 (2001)
6. L.M. Bartoshuk, Chemical Senses, 25, 447-460 (2000)
7. A.L. Fox, Science, 73, 14 (1931)
8. U.K. Kim, E. Jorgenson, H. Coon, M. Leppert, N. Risch, D. Drayna, Science, 299, 1221-1225 (2003)
9. N.L. Garneau, T.M. Nuessle, M.M. Sloan, S.A. Santorico, B.C. Coughlin, J.E. Hayes, Frontiers in Integrative Neuroscience, 8, 33 (2014)
10. G. Nelson, J. Chandrashekar, M.A. Hoon, L. Feng, G. Zhao, N. J. P. Ryba, C.S. Zuker, Nature, 416, 199-202 (2002)
11. B. Nilius, G. Appendino, Reviews of Physiology, Biochemistry and Pharmacology, 164, 1-76 (2013)
12. M.J. Caterina, M.A. Schumacher, M. Tominaga, T. A. Rosen, J.D. Levine, D. Julius, Nature, 389, 816-824 (1997)
13. M.R. Bajec, G.J. Pickering, Critical Reviews in Food Science and Nutrition, 48, 858-875 (2008)

6장 맛은 어떻게 느끼나?

1. J. Chandrashekar, K.L. Mueller, M.A. Hoon, E. Adler, L. Feng, W. Guo, C.S. Zuker, N.J.P. Ryba, Cell, 100, 703-711 (2000)
2. G. Nelson. M.A. Hoon, J. Chandrashekar, Y. Zhang, N.J.P. Ryba, C.S. Zuker, Cell, 106, 381-390 (2001)
3. G. Nelson, J. Chandrashekar, M.A. Hoon, L. Feng, G. Zhao, N.J.P. Ryba, C.S. Zuker, Nature, 416, 199-202 (2002)
4. A.L. Huang, X. Chen, M.A. Hoon, J. Chandrashekar, W. Guo, D. Tränkner, N.J. P. Ryba, C.S. Zuker, Nature, 442, 934-938 (2006)
5. J. Chandrashekar, C. Kuhn, Y. Oka, D.A. Yarmolinsky, E. Hummler, N.J.P. Ryba, C.S. Zuker, Nature, 464, 297-301 (2010)
6. L. Yang, M. Cui, B. Liu, J. Molecular Neuroscience, 71, 234-244 (2021)
7. G.Q. Zhao, Y. Zhang, M.A. Hoon, J. Chandrashekar, I. Erlenbach, N.J.P. Ryba, C.S. Zuker, Cell, 115, 255-266 (2003)
8. K.L. Mueller, M.A. Hoon, I. Erlenbach, J. Chandrashekar, C.S. Zuker, N.J.P. Ryba, Nature, 434, 225-229 (2005)
9. D.A. Yarmolinsky, C. S. Zuker, N.J.P. Ryba, Cell, 139, 234-244 (2009)
10. J.V. Verhagen, L. Engelen, Neuroscience and Behavioral Reviews, 30, 613-650 (2006)
11. D.M. Small, J.C. Geber, Y.E. Mak, T. Hummel, Neuron, 47, 593-605 (2005)
12. P. Dalton, N. Doolittle, H. Nagata, P.A.S. Breslin, Nature Neuroscience, 3, 431-432 (2000)
13. P.A.S. Breslin, N. Doolittle, P. Dalton, Chemical Senses, 26, 1035 (2001)
14. C. Spence, Cell, 161, 24-35 (2015)
15. H.C. Moir, Journal of the Society of Chemical Industry, 55, 145-148 (1936)
16. C. Spence, B. Piqueras-Fiszman, "The Perfect Meal: The Multisensory Science of Food and Dining", p224, Oxford: Wiley-Blackwell (2014)
17. B. Piqueras-Fiszman, J. Alcaide, E. Roura, C. Spence, Food Quality and Preference, 24, 205-208 (2012)

18. B. Piqueras-Fiszman, C. Spence, Journal of Sensory Studies, 27, 324-331 (2012)
19. G. Morrot, F. Brochet, D. Dubourdieu, Brain and Language, 79, 309-320 (2001)
20. M. Zampini, E. Wantling, N. Phillips, C. Spence, Food Quality and Preference, 19, 335-343 (2008)
21. M. Zampini, C. Spence, Journal of Sensory Science, 19, 347-363 (2004)

7장 냄새와 맛의 측정은 가능한가?

1. A. Gilbert, “What the nose knows”, A Synesthetics, Inc. Book, p1, (2014)
2. Charles S. Sell, “Chemistry and the sense of smell”, John Wiley & Sons, Inc., 194-205 (2014)
3. V. Ferreira, Flavour and Fragrance J., 27 124-140 (2012)
4. M.H. Abraham, R. Sanchez-Mooreno, J.E. Cometto-Muniz, W.S. Cain, Chemical Senses, 37, 207-218 (2012)
5. M. Son, J.Y. Lee, H.J. Ko, T.H. Park, Trends in Biotechnology, 35, 301-307 (2017)

8장 냄새를 전송하는 핸드폰

1. T.H. Park, “Bioelectronic Nose”, Springer, p1-22 (2014)
2. T.H. Kim, S.H. Lee, J. Lee, H.S. Song, E.H. Oh, T.H. Park, S. Hong, Advanced Materials, 21, 91-94 (2009)
3. H.S. Yoon, S.H. Lee, O.S. Kwon, H.S. Song, E.H. Oh, T.H. Park, J. Jang, Angewandte Chemie Int. Ed., 48, 2755-2758 (2009)
4. O.S. Kwon, H.S. Song, T.H. Park, J. Jang, Chemical Reviews, 119, 36-93 (2019)
5. H. Yang, D. Kim, J. Kim, D. Moon, H.S. Song, M.J. Lee, S. Hong, T.H. Park, ACS Nano, 11, 11847-11855 (2017)
6. H.S. Song, O.S. Kwon, S.H. Lee, S.J. Park, U.-K. Kim, J. Jang, T.H. Park, Nano Letters, 13, 172-178 (2013)
7. J. Yeom, A. Choe, S. Lim, Y. Lee, S. Na, H. Ko, Science Advances, 6, eaba5785 (2020)
8. H.S. Song, H.J. Jin, S.R. Ahn, D. Kim, S.H. Lee, U.-K. Kim, C.T. Simons, S.

Hong, T.H. Park, ACS Nano, 8, 9781-9789 (2014)

9. S.R. Ahn, J.H. An, H.S. Song, J.W. Park, S.H. Lee, J. H. Kim, J. Jang, T.H. Park, ACS Nano, 10, 7287-7296 (2016)

9장 후각 수용체와 미각 수용체

1. R. Ahmad, J.E. Dalziel, Frontiers in Pharmacology, 11, Article 587664. doi: 10.3389/fphar.2020.587664 (2020)

2. B. Malnic, J. Hirono, T. Sato, L.B. Buck, Cell, 96, 713-723 (1999)

3. H. Saito, Q. Chi, H. Zhuang, H. Matsunami, J.D. Mainland, Science Signaling, 2, ra9 doi: 10.1126/scisignal.2000016 (2009)

4. Charles S. Sell, "Chemistry and the sense of smell", John Wiley & Sons, Inc., 111-112 (2014)

5. B. Malnic, P.A. Godfrey, L.B. Buck, PNAS, 101, doi: 10.1073/pnas.0307882100 (2004)

6. J. Chandrashekar, K.L. Mueller, M.A. Hoon, E. Adler, L. Feng, W. Guo, C.S. Zuker, N.J. Ryba, Cell, 100, 703-711 (2000)

7. M. Behrens. W. Meyerhof, Journal of Agricultural and Food Chemistry, 66, 2204-2213 (2018)

8. D. Maßberg, H. Hatt, Physiological Reviews, 98, 1739 –1763 (2018)

9. S.-J. Lee, I. Depoortere, H. Hatt, Nature Reviews Drug Discovery, 18, 116-138 (2019)

10. J. Chéret, M. Bertolini, L. Ponce, J. Lehmann, T. Tsai, M. Alam, H. Hatt, R. Paus, Nature Communications, 9, 3624 (2018)

11. B.P. Trivedi, Nature, 486, S7–S9 (2012)

12. P. Lu, C.-H. Zhang, L.M. Lifshitz, R. ZhuGe, Journal of. General Physiology, 149, 181-197 (2017)

10장 냄새와 맛의 과학이 바꾸어 놓을 미래 생활

1. https://newstream.kr/posts/1653593

2. H. Junqueira, T.A. Quinn, R. Biringer, M. Hussein, C. Smeriglio, L. Barrueto, J.

Finizio, X.Y. Huang, Journal of the American Osteopathic Association, 119, 413-418 (2019)

3. G. Taverna, L. Tidu, F. Grizzi, V. Torri, A. Mandressi, P. Sardella, G.L. Torre, G. Cocciolone, M. Seveso, G. Giusti, R. Hurle, A. Santoro, P. Graziotti, The Journal of Urology, 193, 1382-1387 (2015)
4. J.H. Lim, J Park, E.H. Oh, H.J. Ko, S. Hong, T.H. Park, Advanced Healthcare Materials, 3, 360-366 (2014)
5. H. Yang, D. Kim, J. Kim, D. Moon, H.S. Song, M. Lee, S. Hong, T.H. Park, ACS Nano, 11, 11847-11855 (2017)
6. J. Oh, H. Yang, G.E. Jeong, D. Moon, O.S. Kwon, S. Phyo, J. Lee, H.S. Song, T.H. Park, J. Jang, Analytical Chemistry, 91, 12181-12190 (2019)
7. A. Halasz, A. Barath, L. Simon-Sarkadi, W. Holzapfel, Trends in Food Science & Technology, 5, 42-49 (1994)
8. J. Park, J.H. Lim, H.J. Jin, S. Namgung, S.H. Lee, T.H. Park, S. Hong, Analyst, 137, 3249-3254 (2012)
9. J.H. Ahn, J.H. Lim, J. Park, E.H. Oh, M. Son, S. Hong, T.H. Park, Sensors and Actuators B: Chemical, 210, 9-16 (2015)
10. M. Son, D. Kim, J. Kang, J.H. Lim, S.H. Lee, H.J. Ko, S. Hong, T.H. Park, Analytical Chemistry, 88, 11283-11287 (2016)
11. J.H. Lim, J. Park, J.H. Ahn, H.J. Jin, S. Hong, T.H. Park, Biosensors and Bioelectronics, 39, 244-249 (2013)
12. S.H. Lee, J.H. Lim, J. Park, S. Hong, T.H. Park, Biosensors and Bioelectronics, 71, 179-185 (2015)
13. J.L. Essler, S.A. Kane, P. Nolan, E.H. Akaho, A.Z. Berna, A. DeAngelo, R.A. Berk, P. Kaynaroglu, V.L. Plymouth, I.D. Frank, S.R. Weiss, A.R. Odom John, C.M. Otto, PLoS ONE 16(4): e0250158 (2021)
14. M. Son, D. Cho, J.H. Lim, J. Park, S. Hong, H.J. Ko, T.H. Park, Biosensors and Bioelectronics, 74, 199-206 (2015)